爱上机器人

Robot:
making on your time

刘金鹏 汪运萍 编著

西游趣味造物记

基于图形化编程 Mind+ 的 Arduino 创意应用

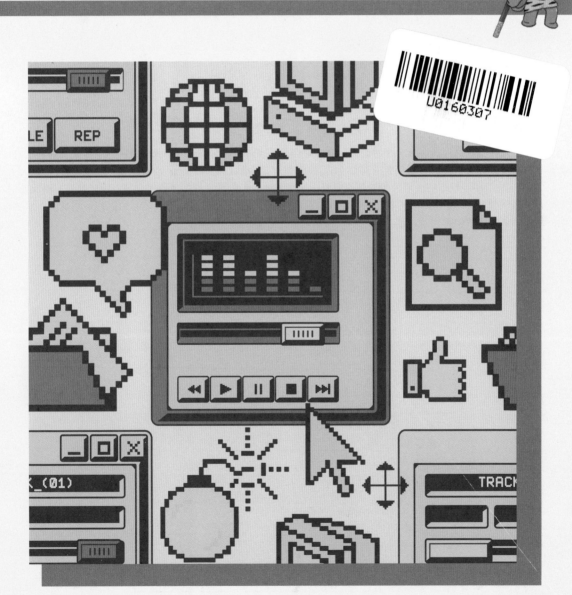

人民邮电出版社

北 京

图书在版编目（CIP）数据

西游趣味造物记 ：基于图形化编程Mind+的Arduino
创意应用 / 刘金鹏，汪运萍编著. -- 北京 ：人民邮电
出版社，2023.9
（爱上机器人）
ISBN 978-7-115-61922-8

Ⅰ. ①西… Ⅱ. ①刘… ②汪… Ⅲ. ①智能机器人－
程序设计－青少年读物 Ⅳ. ①TP242.6-49

中国国家版本馆CIP数据核字(2023)第104315号

内 容 提 要

　　本书将硬件编程与经典名著《西游记》创意性融合，以读名著、学编程的形式，在讲好经典故事的基础上，激发读者对硬件编程的创作兴趣。全书共 27 章，每章包含 1 个耳熟能详的西游故事，如"悟空出世""齐天大圣""龙宫寻宝"等，以这些西游故事为创作背景，循序渐进地为读者讲解如何连接电路、调试硬件，以及使用图形化编程软件 Mind+复现经典情节。此外，每章还设有扩展部分，目的是引导读者自由创作，享受创作乐趣。全书结构清晰，内容由易至难，适合青少年编程爱好者及机器人制作爱好者使用。

◆ 编　　著　刘金鹏　汪运萍
　　责任编辑　陈　欣
　　责任印制　马振武
◆ 人民邮电出版社出版发行　　北京市丰台区成寿寺路 11 号
　　邮编　100164　电子邮件　315@ptpress.com.cn
　　网址　https://www.ptpress.com.cn
　　北京盛通印刷股份有限公司印刷
◆ 开本：775×1092　1/16
　　印张：12.5　　　　　　　　　2023 年 9 月第 1 版
　　字数：243 千字　　　　　　　2023 年 9 月北京第 1 次印刷

定价：79.80 元

读者服务热线：(010)81055493　印装质量热线：(010)81055316
反盗版热线：(010)81055315
广告经营许可证：京东市监广登字 20170147 号

参与本书编写人员名单

刘金鹏　汪运萍　顾黄凯　余江林　邓昌顺　刘丽娟　王育棉　刘家勇

高文光　韩汝彬　叶春霞　宋　圆　况　君　阳　萍　刘　兵　梁昕昕

项小丽　厉　群　朱济宇　康兴奎　柏肇勇　黄　岭　彭　程　王鑫鑫

钱信林　徐　艳　赖丽梅　商　灿　赵俊杰

前言：让西游焕发新的生机

2019 年，由 51maker 教师团队共同开发的"西游小创客"创意编程课程，一经推广便得到了广大师生们的喜爱，以读名著、学编程的形式，有力地推广了创意编程教学。在课程开发过程中，团队老师们也沉浸于经典西游故事中。有趣的西游故事太多，团队老师们想表现的经典片段太多，"西游小创客"的 20 节课远远不够，大家意犹未尽。

随着创客教育的不断普及和推广，越来越多的孩子们开始尝试使用传感器开展创客知识学习。为了提升孩子们的硬件编程能力，帮助他们实现从程序编写到创意物化的跨跃，51maker 教师团队在纯软件创意编程课的基础上，推出了基于 Arduino 的"西游实验箱"套件，该套件将常用传感器封装于一体，无须插拔，收纳方便，更适合大班化教学。团队随之开发了基于 Mind+ 的西游编程课例（见附表）。"吹气成兵""舞动金箍棒""光电照妖镜""唐僧的藏经箱""悟空的听歌神器""风雪取经路""勇闯迷窟""超声波保护圈"……生动有趣的西游故事和奇思妙想的创客邂逅在代码世界里，产生一系列精彩的虚实互动小作品。每一个案例都是团队成员共同努力和集体智慧的结晶，"勇往直前"的西游精神则一直激励着团队成员"普及创客教育"的初心激情飞扬。

吴承恩用文字演绎着古典西游，电影人用电影、动画片诠释着经典西游，创客则用奇思妙想让西游焕发新的生机。不同时代的人，赋予西游不同的风采。让我们拿起更适合大班化普及教学的西游实验箱，用编程和创意来演绎精彩故事，带着身边更多的孩子走进有趣好玩的西游世界。

本书是《西游小创客》的姊妹篇，可作为学校社团、课后兴趣班开展硬件编程入门相关活动的指导书，也可作为孩子们开启硬件编程之旅的第一本课外启蒙书籍。

在使用本书的过程中，希望您也能分享属于自己的独特西游创意作品，让西游故事发扬光大。创意无极限，经典永相传。

编者

2022 年 12 月

附表

项目名称	使用的硬件	难度星级
第1章 悟空出世	OLED 显示屏、LED、蜂鸣器	★
第2章 齐天大圣	OLED 显示屏、LED	★
第3章 小猴接桃	OLED 显示屏、LED、蜂鸣器、按钮	★
第4章 吹气成兵	OLED 显示屏、LED、声音传感器	★
第5章 光电照妖镜	OLED 显示屏、蜂鸣器、光线传感器	★
第6章 悟空的变身术	OLED 显示屏、LED、蜂鸣器、声音传感器、光线传感器	★
第7章 龙宫寻宝	OLED 显示屏、LED、蜂鸣器、风扇、摇杆	★★
第8章 舞动金箍棒	OLED 显示屏、LED、蜂鸣器、按钮、旋钮	★★
第9章 筋斗云	OLED 显示屏、LED、蜂鸣器、按钮、声音传感器	★★
第10章 风雪取经路	OLED 显示屏、LED、蜂鸣器、温 / 湿度传感器	★★
第11章 金箍棒电风扇	OLED 显示屏、LED、蜂鸣器、风扇、温 / 湿度传感器	★★
第12章 超声波保护圈	OLED 显示屏、LED、蜂鸣器、风扇、超声波传感器	★★
第13章 大闹天宫	OLED 显示屏、蜂鸣器、风扇、按钮、旋钮	★★
第14章 智能夜行灯	OLED 显示屏、LED、蜂鸣器	★★
第15章 唐僧的藏经箱	OLED 显示屏、LED、蜂鸣器、风扇	★★
第16章 悟空的听歌神器	OLED 显示屏、LED、蜂鸣器、红外接收传感器、MP3 播放器	★★★
第17章 悟空借扇	OLED 显示屏、LED、风扇、声音传感器	★★★
第18章 勇闯迷窟	OLED 显示屏、蜂鸣器、摇杆	★★★
第19章 诗词大会	OLED 显示屏、LED	★★★
第20章 悟空大战哪吒	OLED 显示屏、LED、蜂鸣器、按钮、旋钮	★★★
第21章 误入盘丝洞	OLED 显示屏、LED、蜂鸣器、摇杆、声音传感器	★★★
第22章 悟空大战二郎神	OLED 显示屏、LED、蜂鸣器、光线传感器、声音传感器	★★★
第23章 芝麻开门	OLED 显示屏、LED、蜂鸣器、按钮、声音传感器	★★★
第24章 悟空采药	OLED 显示屏、按钮、声音传感器	★★★
第25章 打蜘蛛	OLED 显示屏、LED、蜂鸣器、红外接收传感器	★★★
第26章 悟空钓鱼	OLED 显示屏、LED、蜂鸣器、旋钮	★★★
第27章 西游小剧场	OLED 显示屏、旋钮	★★★

目录

西游趣味造物记

第1章 悟空出世

1.1 故事情景

在《西游记》中，在东胜神洲傲来国的花果山顶上，有一仙石，石产一卵，见风化一石猴，五官俱备，四肢皆全，目运两道金光，惊动玉皇大帝。本章我们借助神奇的Mind+软件及西游实验箱来实现这个场景：在花果山脚下吸收了日月精华的一块仙石突然开始晃动起来，过了一会儿竟然炸裂开来，悟空出世啦！"悟空出世"的效果如图1.1所示。

图1.1 "悟空出世"效果展示

1.2 任务要求

（1）OLED（有机发光二极管）显示屏显示本章主题"悟空出世"。

（2）西游实验箱上的红、黄、绿3个LED（发光二极管）依次被点亮，蜂鸣器发出"滴滴"的声音，模拟电闪雷鸣。

（3）依次切换舞台上花果山下的石头造型，同时西游实验箱上的 OLED 显示屏也同步依次切换石头造型，展示石头炸裂、悟空出世的场景。

1.3　硬件清单

制作这个场景所需要的硬件分别是：接在 I²C 端口的 OLED 显示屏、接在数字引脚 9 ~ 11 的 3 个 LED、接在数字引脚 8 的蜂鸣器，如图 1.2 红色框所示。

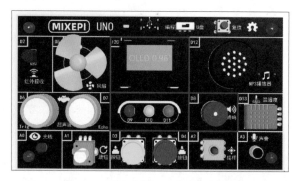

图1.2　"悟空出世"所需的硬件展示

1.4　选择主控板及添加扩展模块

（1）打开 Mind+ 软件，选择"实时模式"，如图 1.3 所示。单击"扩展"，在"主控板"选项卡中选择"Arduino Uno"，如图 1.4 所示，并选择相应的串口，连接好设备，如图 1.5 所示。

图1.3　选择"实时模式"

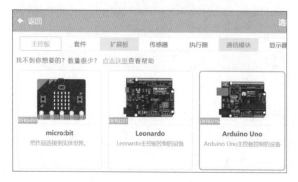

图1.4　在"主控板"选项卡中选择"Arduino Uno"

图1.5 选择连接设备

（2）单击"扩展"，在"显示器"选项卡中选择"OLED-12864显示屏"，如图1.6所示。OLED-12864显示屏的分辨率为128像素×64像素，坐标（0,0）位于屏幕的左上角，可显示4行汉字或字符。

图1.6 在"显示器"选项卡中选择"OLED-12864显示屏"

1.5 设置舞台背景及角色

从本地文件夹中上传"花果山"图片作为舞台背景；上传"悟空-1"图片作为舞台上的角色，将"悟空-1"角色的大小设为50，如图1.7所示；依次上传"石头"角色的4个造型，如图1.8所示。

图1.7 上传舞台背景及舞台上的角色

图1.8　依次上传"石头"角色的4个造型

1.6　编写程序

1. 初始化角色

先隐藏"悟空-1"，并将"石头"角色切换为第1个造型，参考程序如图1.9所示。

图1.9　初始化角色的参考程序

2. OLED显示屏显示标题

在OLED显示屏中心处显示"悟空出世"4个字，显示前我们需要进行清屏，参考程序如图1.10所示。注意："屏幕显示文字××在坐标X：×× Y：××预览"指令中的坐标是指文字左上角的像素的位置。

图1.10　OLED显示屏显示标题的参考程序

3．模拟电闪雷鸣

依次点亮连接在数字引脚 9 ～ 11 的 3 个 LED，并让连接在数字引脚 8 的蜂鸣器发出"滴滴"的声音，参考程序如图 1.11 所示。

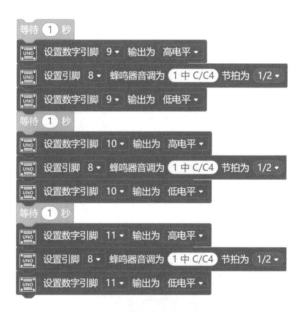

图1.11　模拟电闪雷鸣的参考程序

4．展示石头炸裂、悟空出世的场景

在舞台和 OLED 显示屏上，通过依次显示"石头"角色的不同造型来模拟石头炸裂效果，当石头完全炸裂时，广播"显示"消息，参考程序如图 1.12 所示。当"悟空 −1"角色接收到广播的"显示"消息时，显示角色，完成悟空出世的场景，参考程序如图 1.13 所示。

图1.12　展示石头炸裂场景的参考程序　　　　图1.13　完成悟空出世场景的参考程序

5．OLED显示屏显示图片

在图1.12所示的程序中，单击"OLED屏幕显示图片××在坐标x：××y：××"指令中的小齿轮图标，在弹出的选项框中打开相应的本地文件夹中的图片，设置图像尺寸为屏幕的最大尺寸，即宽为128，高为64。图片从坐标（0,0）开始显示，即从屏幕的左上角开始显示。设置过程如图1.14所示。

图1.14　OLED显示屏显示图片的设置过程

1.7　拓展和提高

在石头炸裂的过程中，配上合适的音乐，会得到更加丰富的情景展示效果，大家可以通过导入外部音频文件来完成本章的拓展和提高！

第2章 齐天大圣

2.1 故事情景

玉皇大帝给悟空封了一个名为"弼马温"的官职，悟空兴高采烈地去上任。但当他了解到弼马温只是个未入流的养马小官后，心头大火，打出南天门回到花果山，扯出一面大旗，自封为"齐天大圣"。本章我们借助 Mind+ 软件及西游实验箱来实现这个场景：悟空在花果山下，竖起了一面大旗，旗上标有"齐天大圣"4个字，如图2.1所示。

图2.1 "齐天大圣"效果展示

2.2 任务要求

（1）OLED 显示屏显示本章主题"齐天大圣"。

（2）在 Mind+ 软件舞台区播放场景：花果山下缓慢升起一面标有"齐天大圣"的旗帜。

（3）当 Mind+ 软件舞台区播放场景时，西游实验箱上的 OLED 显示屏同步显示一面

正在缓缓展开的旗帜，旗帜上标有"齐天大圣"。

（4）当旗帜被完全展开时，西游实验箱上的黄色 LED 被点亮。

2.3 硬件清单

制作这个场景所需要的硬件分别是：接在 I^2C 端口的 OLED 显示屏、接在数字引脚 10 的黄色 LED，如图 2.2 红色框所示。

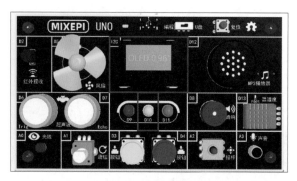

图2.2 "齐天大圣"所需的硬件展示

2.4 选择主控板及添加扩展模块

（1）打开 Mind+ 软件，选择"实时模式"，如图 2.3 所示。单击"扩展"，在"主控板"选项卡中选择"Arduino Uno"，如图 2.4 所示，并选择相应的串口，连接好设备，如图 2.5 所示。

图2.3 选择"实时模式"

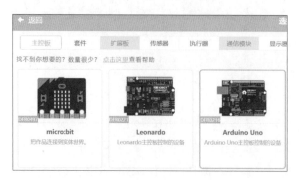

图2.4 在"主控板"选项卡中选择"Arduino Uno"

图2.5　选择连接设备

（2）单击"扩展"，在"显示器"选项卡中选择"OLED-12864显示屏"，如图2.6所示。OLED-12864显示屏的分辨率为128像素×64像素，坐标（0,0）位于屏幕的左上角，可显示4行汉字或字符。

图2.6　在"显示器"选项卡中选择"OLED-12864显示屏"

（3）单击"扩展"，在"功能模块"选项卡中选择"画笔"，如图2.7所示。

图2.7　在"功能模块"选项卡中选择"画笔"

2.5 设置舞台背景及角色

从本地文件夹中分别上传"花果山"图片作为舞台背景,"悟空-2"图片作为舞台上的角色,将"悟空-2"角色的大小设为50,如图2.8所示。

图2.8 上传舞台背景及舞台上的角色

2.6 编写程序

1. OLED显示屏显示标题

在OLED显示屏显示标题前,我们需要进行清屏。清屏后我们设置:在屏幕的4个角分别显示"齐""天""大""圣"4个字;在屏幕中心显示"孙悟空"3个字;在"孙悟空"3个字外显示一个圆圈,显示效果如图2.9所示。

图2.9 OLED显示屏显示标题的效果

因为字库默认一个汉字在 OLED-12864 显示屏中显示时大小为 16 像素 ×16 像素，所以我们可以通过 128-16=112，64-16=48 计算得出"天""圣"的 X 坐标以及"大""圣"的 Y 坐标。OLED 显示屏显示标题的参考程序如图 2.10 所示。

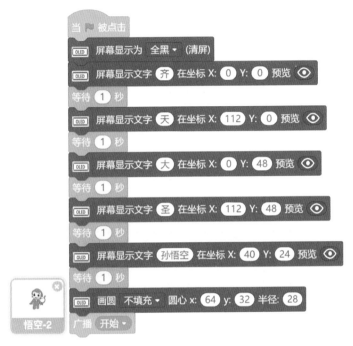

图2.10　OLED显示屏显示标题的参考程序

2. 使用Mind+软件绘制角色

使用 Mind+ 软件绘制两个角色"点"和"旗"，并在"旗"上添加文本"齐天大圣"，如图 2.11 所示。

图2.11　使用Mind+软件绘制两个角色"点"和"旗"

3. 使用Mind+软件的画笔功能模块完成花果山下竖旗

使用画笔绘制旗杆、旗帜的轮廓，参考程序如图 2.12 所示。

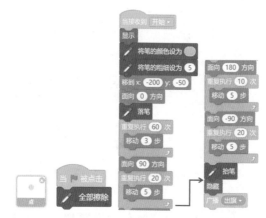

图2.12 使用画笔功能模块绘制旗杆、旗帜的参考程序

"旗"角色需要在程序开始时隐藏，在接收到广播的"出旗"消息时显示出来，参考程序如图 2.13 所示。我们也可以用虚像特效实现另一种"出旗"效果：在程序中设置特效虚像从 100 逐步变成 0，让旗帜慢慢出现。这种"出旗"效果的参考程序如图 2.14 所示。

图2.13 实现"出旗"效果的参考程序1

图2.14 实现"出旗"效果的参考程序2

4. OLED显示屏与Mind+软件舞台区同步显示旗帜并点亮黄色LED

当收到广播的"开始"消息时，OLED 显示屏与 Mind+ 软件舞台区同步"出旗"。在 OLED 显示屏"出旗"前同样需要对屏幕进行清屏。清屏后我们设置：在屏幕中显示

旗帜的两条短边，在屏幕中显示旗帜的两条长边，在旗帜中间显示"齐天大圣"4个字，显示效果如图 2.15 所示。

图2.15 OLED显示屏显示旗帜的效果

当旗帜完全显示时，我们使用程序点亮西游实验箱上的黄色 LED。OLED 显示屏与 Mind+ 软件舞台区同步显示旗帜并点亮黄色 LED 的参考程序如图 2.16 所示。

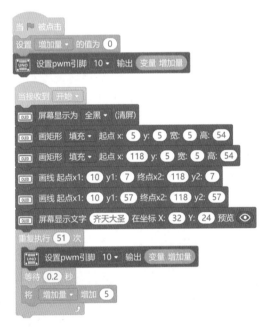

图2.16 OLED显示屏与Mind+舞台区同步显示旗帜并点亮黄色LED的参考程序

2.7 拓展和提高

大家可以开动脑筋，试试将 OLED 显示屏上显示的旗帜制作成卷轴，做出缓慢打开的效果，完成本章的拓展和提高！

第3章 小猴接桃

3.1 故事情景

新任弼马温孙悟空因嫌官小，离开天宫返回花果山，自封为"齐天大圣"。玉皇大帝派遣托塔天王与哪吒三太子前去擒拿，却都败下阵来。最终，玉皇大帝采纳了太白金星的建议，封孙悟空一个"齐天大圣"的空衔，并将蟠桃园交给他掌管。一日，悟空得知自己没被王母娘娘邀请参加蟠桃会，于是大闹蟠桃会，将仙桃撒向花果山，花果山的小猴左右奔跑去接仙桃，非常开心！这章我们借助 Mind+ 软件及西游实验箱上的两个按钮来实现小猴左右奔跑去接仙桃的场景，如图3.1所示。

图3.1 "小猴接桃"效果展示

3.2 任务要求

（1）OLED 显示屏显示本章主题"小猴接桃"。

（2）仙桃从舞台区上方随机下落。

（3）使用西游实验箱上的按钮控制小猴左右移动。

（4）当小猴接到仙桃时，西游实验箱上的黄色 LED 闪烁一次、蜂鸣器短促地响一声。

（5）当小猴接到 10 个仙桃时，OLED 显示屏显示"恭喜过关"，蜂鸣器长响一声，3 个 LED 连闪 3 次。

3.3 硬件清单

制作这个场景所需要的硬件分别是：接在 I²C 端口的 OLED 显示屏、接在数字引脚 9 ~ 11 的 3 个 LED、接在数字引脚 8 的蜂鸣器、接在数字引脚 3 的黄色按钮、接在数字引脚 4 的蓝色按钮，如图 3.2 红色框所示。

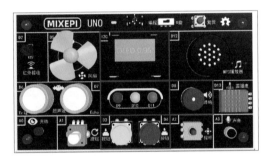

图3.2 "小猴接桃"所需的硬件展示

3.4 选择主控板及添加扩展模块

（1）打开 Mind+ 软件，选择"实时模式"，如图 3.3 所示。单击"扩展"，在"主控板"选项卡中选择"Arduino Uno"，如图 3.4 所示，并选择相应的串口，连接好设备，如图 3.5 所示。

图3.3 选择"实时模式"

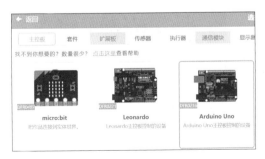

图3.4 在"主控板"选项卡中选择"Arduino Uno"

图3.5　选择连接设备

（2）单击"扩展"，在"显示器"选项卡中选择"OLED-12864显示屏"，如图3.6所示。OLED-12864显示屏的分辨率为128像素×64像素，坐标(0,0)位于屏幕的左上角，可显示4行汉字或字符。

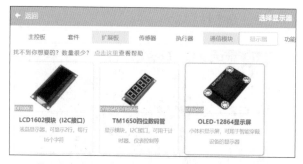

图3.6　在"显示器"选项卡中选择"OLED-12864显示屏"

3.5　设置舞台背景及角色

从本地文件夹中分别上传"花果山"图片作为舞台背景，上传"小猴"图片和"仙桃"图片作为舞台上的角色，创建一个文字为"恭喜过关"的字幕角色，如图3.7所示。

图3.7　设置舞台背景及角色

将"小猴"角色的大小设置为 50，"仙桃"角色的大小设置为 60，水平翻转"小猴"角色的两个造型——"小猴 –1"和"小猴 –2"，如图 3.8 所示。

图3.8　水平翻转"小猴"角色的两个造型

3.6　编写程序

1. OLED显示屏显示标题

在 OLED 显示屏中心处显示"小猴接桃"4 个字，显示前我们需要对屏幕进行清屏，参考程序如图 3.9 所示。

图3.9　OLED显示屏显示标题的参考程序

2. 测试按钮

参考图 3.10 所示的程序，测试按钮是否能正常地返回值，即松开按钮时，返回 1；按下按钮时，返回 0。

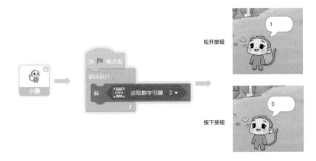

图3.10　测试按钮

3. 用按钮控制小猴移动

将"小猴"角色的旋转方向设置为"左右翻转";通过判断两个按钮的返回值,控制"小猴"角色向左或向右移动;设置"小猴"角色碰到舞台边缘时就反弹;设置"小猴"角色的两个造型每隔0.5s进行切换,实现小猴表情不断变换的效果,参考程序如图3.11所示。

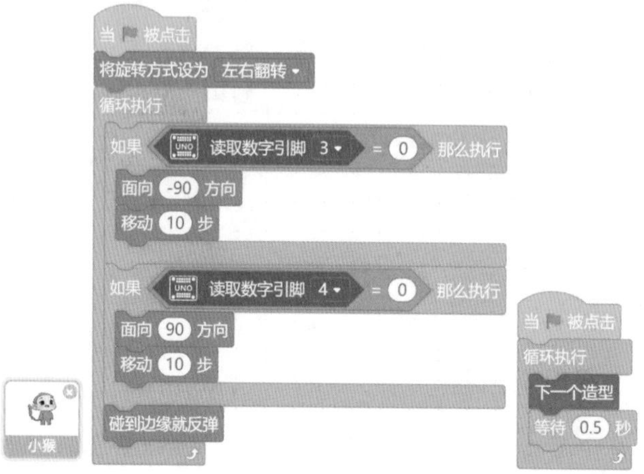

图3.11 用按钮控制小猴移动的参考程序

4. 仙桃随机下落及消失

新建一个名为"数量"的变量,设置初始值为0;隐藏克隆本体——"仙桃"角色后,设置"仙桃"角色每隔1s克隆自己一次,共克隆10次;在舞台区上方的位置随机显示"仙桃"角色的克隆体;通过重复执行减小"仙桃"角色克隆体的y坐标值,实现仙桃不断下落的效果;当仙桃碰到"小猴"角色或舞台区底部时,删除对应"仙桃"角色的克隆体,参考程序如图3.12所示。

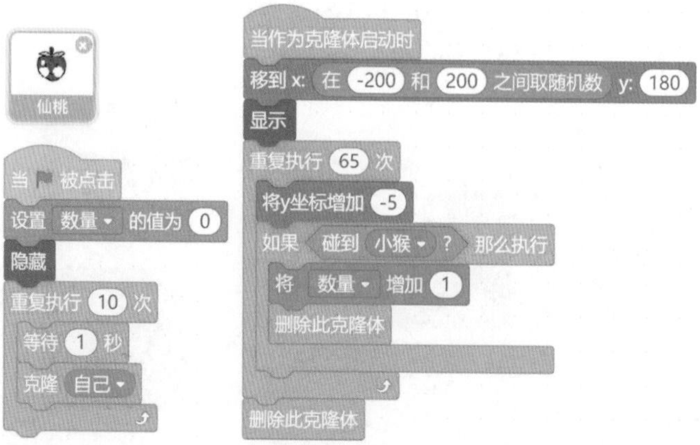

图3.12 仙桃随机下落及消失的参考程序

5. 接到仙桃时闪灯鸣响

当小猴接到仙桃时，通过改变连接到数字引脚 10 的黄色 LED 电平的高 / 低状态，先让黄色 LED 闪烁一次，再让蜂鸣器短促鸣响一声，参考程序如图 3.13 红色框所示。

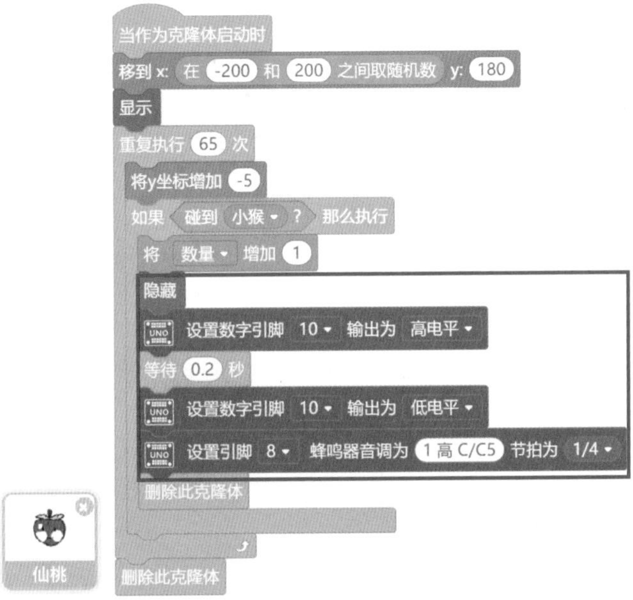

图3.13　接到仙桃时闪灯鸣响的参考程序

6. 显示"恭喜过关"字幕

当小猴接到 10 个仙桃时，广播"显示字幕"消息，通知舞台显示"恭喜过关"字幕；OLED 显示屏显示"恭喜过关"字幕，蜂鸣器长响一声，3 个 LED 连闪 3 次，参考程序如图 3.14 所示。

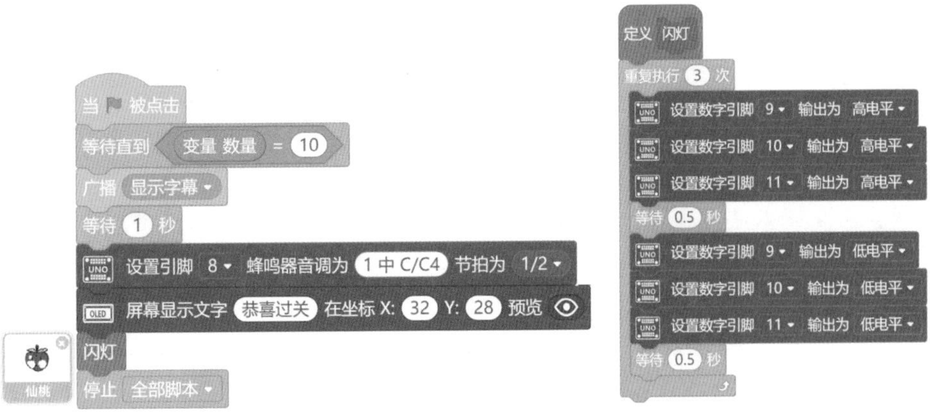

图3.14　OLED显示屏显示字幕的参考程序

在初始化中隐藏字幕角色，当接收到广播的"显示字幕"消息时，在舞台区右上角显示"恭喜过关"字幕，参考程序如图 3.15 所示。

图3.15　在舞台区显示字幕的参考程序

3.7　拓展和提高

西游实验箱上有红、黄、绿 3 种不同颜色的 LED，我们如果将仙桃设置成红、黄、绿 3 种颜色，那么怎样修改程序才能完成本章的拓展和提高——让小猴接到不同颜色的仙桃时，点亮与仙桃颜色相同的 LED 呢？

第4章 吹气成兵

4.1 故事情景

悟空有一个神奇的本领：拔下一撮毫毛，放在手上轻轻一吹，叫一声"变"，毫毛就能立刻幻化成无数个小悟空，跟他一起降妖除怪。本章我们借助 Mind+ 软件及西游实验箱上的声音传感器来实现这一神奇的本领，如图4.1所示。

图4.1 "吹气成兵"效果展示

4.2 任务要求

（1）OLED 显示屏显示本章主题"吹气成兵"。

（2）我们对着话筒吹气，当吹气强度足够大时，舞台区会生成很多孙悟空的克隆体，克隆体以不同的速度移至舞台区的右上侧并不断切换造型。

（3）西游实验箱上的黄色 LED 随着吹气强度越来越大变得越来越亮。

4.3 硬件清单

制作这个场景所需要的硬件分别是：接在 I²C 端口的 OLED 显示屏、接在数字引脚 10 的黄色 LED、接在模拟引脚 3 的声音传感器，如图 4.2 红色框所示。

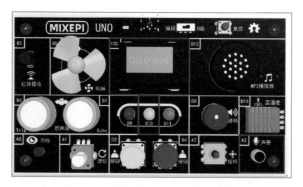

图4.2 "吹气成兵"所需的硬件展示

4.4 选择主控板及添加扩展模块

（1）打开 Mind+ 软件，选择"实时模式"，如图 4.3 所示。单击"扩展"，在"主控板"选项卡中选择"Arduino Uno"，如图 4.4 所示，并选择相应的串口，连接好设备，如图 4.5 所示。

图4.3 选择"实时模式"

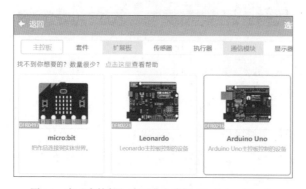

图4.4 在"主控板"选项卡中选择"Arduino Uno"

图4.5　选择连接设备

（2）单击"扩展"，在"显示器"选项卡中选择"OLED-12864显示屏"，如图 4.6 所示。OLED-12864 显示屏的分辨率为 128 像素×64 像素，坐标（0,0）位于屏幕的左上角，可显示 4 行汉字或字符。

图4.6　在"显示器"选项卡中选择"OLED-12864显示屏"

4.5　设置舞台背景及角色

从本地文件夹中上传"悟空"图片作为舞台上的角色。"悟空 1"和"悟空 2"为"悟空"角色的两个造型，将角色的两个造型水平翻转，如图 4.7 所示。

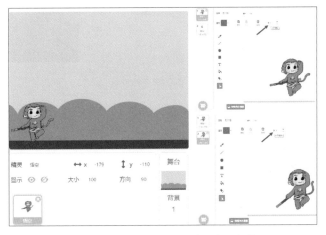

图4.7　将"悟空"角色的造型水平翻转

4.6 编写程序

1. OLED显示屏显示标题

在显示标题前，我们需要对 OLED 显示屏进行清屏，然后在屏幕中心显示"吹气成兵"4 个字，参考程序如图 4.8 所示。

图4.8 OLED显示屏显示标题的参考程序

2. 测试声音传感器

参考图 4.9 所示的程序测试声音传感器，测试结果为：当传感器接收到声音时，其数值会大于 200。

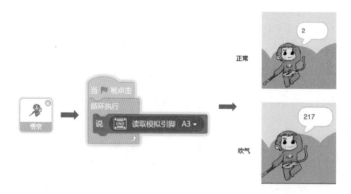

图4.9 测试声音传感器

3. 吹气成兵

编写吹气成兵的程序，参考程序如图 4.10 所示。

图4.10 吹气成兵的参考程序

4．吹气值与LED亮度同步

创建变量"吹气值"用于计量吹气强度大小。当吹气时，黄色 LED 亮度与吹气值保持同步。声音传感器的数值范围为 0 ~ 1023，LED 亮度值的范围为 0 ~ 255，这里使用映射指令转换数值，参考程序如图 4.11 所示。

图4.11 吹气值与LED亮度同步的参考程序

4.7 拓展和提高

大家可以尝试创建一个变量，记录吹出的悟空的实时数量并显示在 OLED 显示屏上，这样你就可以与小伙伴一起比赛，看看谁一口气吹出的悟空数量最多。大家还可以尝试将悟空克隆的速度与吹气的强度进行关联，吹得越用力，吹出的小猴越多。快来动手完成本章的拓展和提高吧！

第 5 章 光电照妖镜

5.1 故事情景

　　小朋友们，你们听过真假美猴王的故事吗？六耳猕猴假冒悟空，打伤唐僧，抢走行李。沙僧从观音处找来悟空，真假猴王大战，唐僧、观音、玉帝、阎王等无法分辨他们孰真孰假。最终，如来用金钵盂擒住了假悟空。本章我们用西游实验箱上的光线传感器，制作可以分辨真假美猴王的光电照妖镜，如图5.1所示。

图5.1 "光电照妖镜"效果展示

5.2 任务要求

　　（1）OLED 显示屏显示本章主题"光电照妖镜"。

　　（2）当光线足够强时，真悟空恢复"原形"（原有亮度），假悟空——六耳猕猴立即逃走。

（3）当光电照妖镜发现六耳猕猴时，西游实验箱上的蜂鸣器鸣响。

5.3　硬件清单

　　制作这个场景所需要的硬件分别是：接在 I^2C 端口的 OLED 显示屏、接在数字引脚 8 的蜂鸣器、接在模拟引脚 0 的光线传感器，如图 5.2 红色框所示。

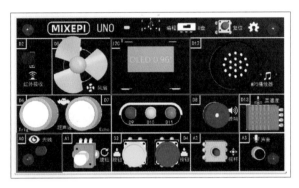

图5.2　"光电照妖镜"所需的硬件展示

5.4　选择主控板及添加扩展模块

　　（1）打开 Mind+ 软件，选择"实时模式"，如图 5.3 所示。单击"扩展"，在"主控板"选项卡中选择"Arduino Uno"，如图 5.4 所示，并选择相应的串口，连接好设备，如图 5.5 所示。

图5.3　选择"实时模式"

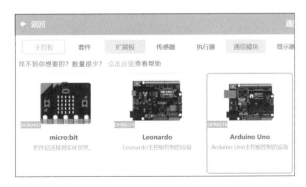

图5.4　在"主控板"选项卡中选择"Arduino Uno"

图5.5 选择连接设备

（2）单击"扩展"，在"显示器"选项卡中选择"OLED-12864显示屏"，如图5.6所示。OLED-12864显示屏的分辨率为128像素×64像素，坐标(0,0)位于屏幕的左上角，可显示4行汉字或字符。

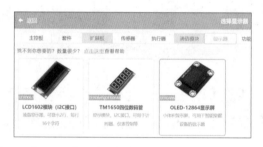

图5.6 在"显示器"选项卡中选择"OLED-12864显示屏"

5.5 设置舞台背景及角色

（1）从本地文件夹中上传"水帘洞"图片作为舞台的背景。

（2）从本地文件夹中上传"悟空"图片作为舞台上的角色，并命名为"真悟空"。"悟空1"和"悟空2"为"真悟空"的两个造型。

（3）复制出新的"悟空"角色，并命名为"假悟空"，将这个造型水平翻转，如图5.7所示。

图5.7 复制翻转得到"假悟空"角色

5.6 编写程序

1. OLED显示屏显示标题

在显示标题前，我们需要对 OLED 显示屏进行清屏，然后在屏幕中心显示"光电照妖镜"5 个字，参考程序如图 5.8 所示。

图5.8 OLED显示屏显示标题的参考程序

2. 测试光线传感器

参考图 5.9 所示的程序，当有强光照射光线传感器时，其数值会大于900，测试数值与当前环境光有关。

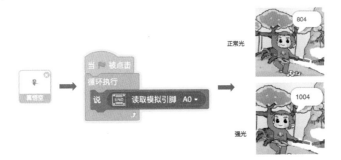

图5.9 测试光线传感器

3. 初始化舞台背景及角色

将舞台背景及角色的亮度降低，为后期的强光照射做准备，参考程序如图 5.10 所示。

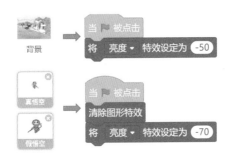

图5.10 初始化舞台背景及角色亮度的参考程序

西游趣味造物记

4. 编写"真悟空"的程序

设置当光强值超过 900 时，让"真悟空"恢复原有的亮度，参考程序如图 5.11 所示。

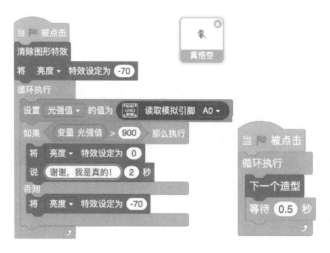

图5.11 "真悟空"的参考程序

5. 编写"假悟空"的程序

设置当光强值超过 900 时，让"假悟空"在 1s 内滑行至舞台右上角并隐藏，参考程序如图 5.12 所示。

图5.12 "假悟空"的参考程序

6. 蜂鸣器鸣响

当光电照妖镜发现假悟空——六耳猕猴时,蜂鸣器鸣响,参考程序如图 5.13 所示。

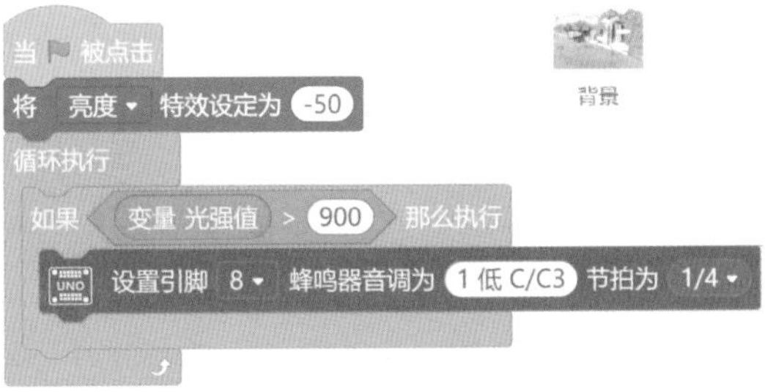

图5.13　蜂鸣器鸣响的参考程序

5.7　拓展和提高

你可以尝试完善这个故事的情景,例如当用手电筒对着西游实验箱上的光线传感器照射时,舞台上的师父(菩提祖师)会戴上眼镜,如图 5.14 所示,快来动手试试吧!

图5.14　手电筒照射光线传感器时师父戴上墨镜效果展示

第6章 悟空的变身术

6.1 故事情景

悟空跟着师父菩提祖师学艺,习得口诀后,自修自炼,很快将神奇的七十二般变化学成了,好不得意,在众师兄弟面前表演一番。本章我们用西游实验箱上的光线传感器和声音传感器来实现这一场景:当光线不足时,悟空会悄悄隐藏起来;当对着声音传感器喊"变"时,悟空就会不断变化成各种各样奇怪的东西,如图6.1所示。

图6.1 "悟空的变身术"效果展示

6.2 任务要求

(1)OLED显示屏显示本章主题"悟空的变身术"。

(2)当光线不足时,悟空会慢慢地消失;当光线充足时,悟空会慢慢地出现。

(3)当对着声音传感器喊"变"时,悟空会变成各种奇怪的东西。

(4)悟空变化时,LED会闪烁,蜂鸣器会发出提示音。

6.3 硬件清单

制作这个场景所需要的硬件分别是：接在 I²C 端口的 OLED 显示屏、接在数字引脚 8 的蜂鸣器、接在数字引脚 10 的黄色 LED、接在模拟引脚 0 的光线传感器、接在模拟引脚 3 的声音传感器，如图 6.2 红色框所示。

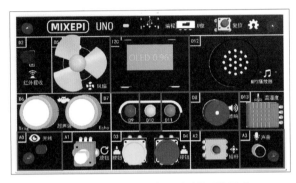

图6.2 "悟空的变身术"所需的硬件展示

6.4 选择主控板及添加扩展模块

（1）打开 Mind+ 软件，选择"实时模式"，如图 6.3 所示。单击"扩展"，在"主控板"选项卡中选择"Arduino Uno"，如图 6.4 所示，并选择相应的串口，连接好设备，如图 6.5 所示。

图6.3 选择"实时模式"

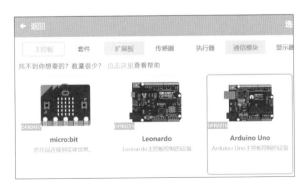

图6.4 在"主控板"选项卡中选择"Arduino Uno"

图6.5 选择连接设备

（2）单击"扩展"，在"显示器"选项卡中选择"OLED-12864显示屏"，如图6.6所示。OLED-12864显示屏的分辨率为128像素×64像素，坐标（0,0）位于屏幕的左上角，可显示4行汉字或字符。

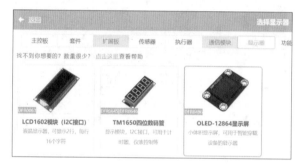

图6.6 在"显示器"选项卡中选择"OLED-12864显示屏"

6.5 设置舞台背景及角色

从本地文件夹中上传"学艺背景"图片作为舞台背景。从本地文件夹中上传"学艺悟空"图片作为舞台上的角色，将角色大小设置为80。为"学艺悟空"角色添加多个不同的造型，如图6.7所示。

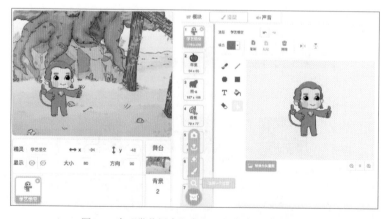

图6.7 为"学艺悟空"角色添加多个不同的造型

6.6 编写程序

1. OLED显示屏显示标题

在 OLED 显示屏中心处显示"悟空的变身术"5 个字，显示前需进行清屏，参考程序如图 6.8 所示。

图6.8　OLED显示屏显示标题的参考程序

2. 测试光线传感器

参考图 6.9 所示的程序，用手遮挡西游实验箱上的光线传感器，观察数值的变化规律，测试数值与所在环境的光强相关。

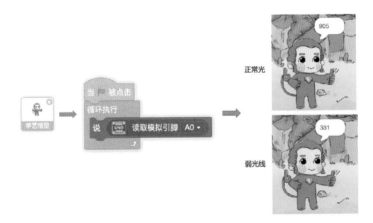

图6.9　测试光线传感器

3. 测试声音传感器

参考图 6.10 所示的程序，对着西游实验箱上的声音传感器喊话，观察数值的变化规律。

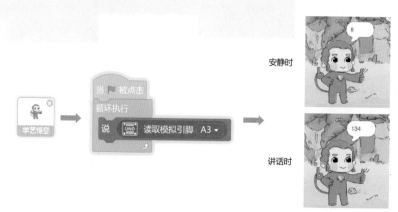

图6.10 测试声音传感器

4. 通过光线传感器控制悟空渐隐渐显

程序执行后先清除图形特效，并将造型切换成"学艺悟空"造型。当侦测到外界光线比较弱时，悟空渐渐隐藏；当外界光线比较强时，悟空渐渐出现，参考程序如图 6.11 所示。

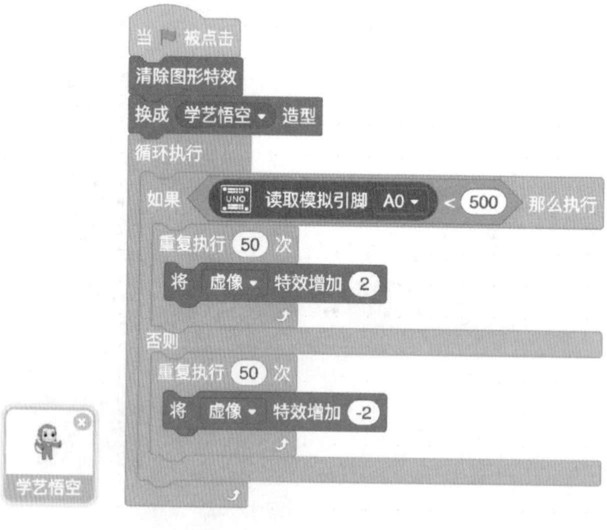

图6.11 通过光线传感器控制悟空渐隐渐显的参考程序

5. 用声音控制悟空不断切换造型

当我们对着声音传感器发出声音，例如大声说"变"时，悟空开始变身（切换造型），参考程序如图 6.12 所示。

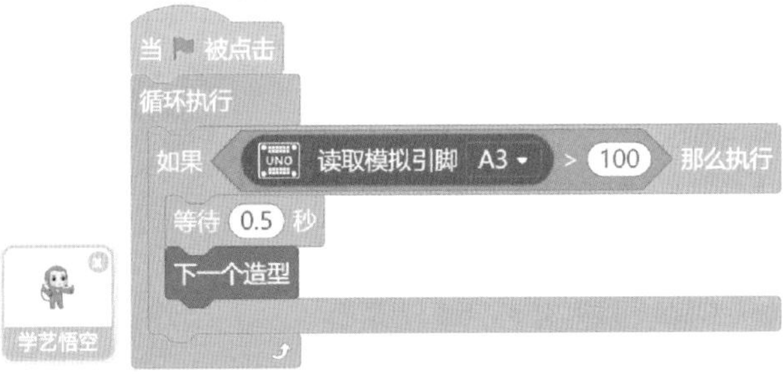

图6.12　通过声音传感器控制悟空不断切换造型的参考程序

6．蜂鸣器及LED控制程序

修改上面的程序，增加蜂鸣器及 LED 控制部分，如图 6.13 所示。当悟空切换造型时，通过改变接在数字引脚 10 的黄色 LED 的电平高 / 低状态让黄灯闪烁一次，同时蜂鸣器鸣响一声。

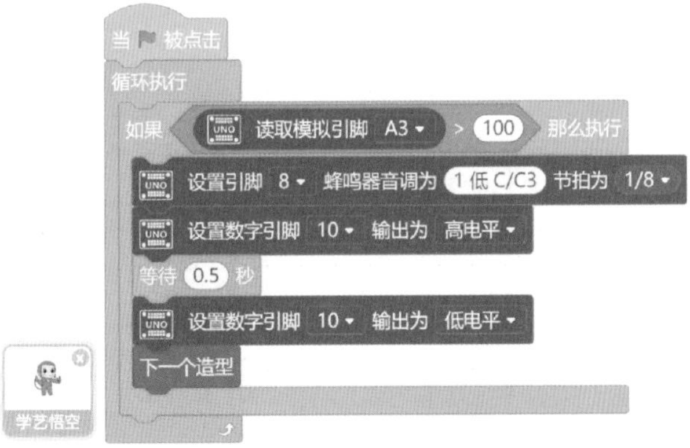

图6.13　蜂鸣器及LED控制部分的参考程序

6.7　拓展和提高

你可以尝试完善这个故事的情景，例如用西游实验箱上的两个按钮来控制悟空切换上一个及下一个造型。

第 7 章 龙宫寻宝

7.1 故事情景

悟空在菩提祖师那里学得一身好本领,却唯独缺少一件称手的兵器。他听说东海龙宫里有不少稀世宝贝,于是亲自到龙宫走了一趟,悟空能闯过蟹兵虾将的围追堵截顺利拿到定海神针——如意金箍棒(又叫金箍棒)吗?看你的表现啦!"龙宫寻宝"的效果如图 7.1 所示。

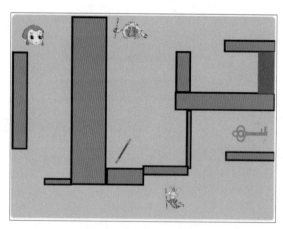

图7.1 "龙宫寻宝"效果展示

7.2 任务要求

(1)OLED 显示屏显示本章主题"龙宫寻宝"。

(2)用摇杆控制悟空在龙宫上下左右移动寻找宝物。

(3)当悟空被蟹兵或虾将碰到时,蜂鸣器和风扇被触发,红色 LED 闪烁一次。

(4)当悟空拿到钥匙和金箍棒时,蜂鸣器会鸣响一声。

(5)当顺利过关时,蜂鸣器会响,绿色 LED 会闪烁 3 次。

7.3 硬件清单

制作这个场景所需要的硬件分别是：接在 I²C 端口的 OLED 显示屏、接在数字引脚 5 的风扇、接在数字引脚 8 的蜂鸣器、接在数字引脚 9 的红色 LED、接在数字引脚 11 的绿色 LED、接在模拟引脚 2 的摇杆，如图 7.2 红色框所示。

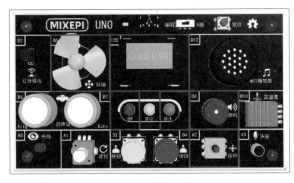

图7.2 "龙宫寻宝"所需的硬件展示

7.4 选择主控板及添加扩展模块

（1）打开 Mind+ 软件，选择"实时模式"，如图 7.3 所示。单击"扩展"，在"主控板"选项卡中选择"Arduino Uno"，如图 7.4 所示，并选择相应的串口，连接好设备，如图 7.5 所示。

图7.3 选择"实时模式"

图7.4 在"主控板"选项卡中选择"Arduino Uno"

图7.5 选择连接设备

（2）单击"扩展"，在"显示器"选项卡中选择"OLED-12864显示屏"，如图 7.6 所示。OLED-12864显示屏的分辨率为128像素×64像素，坐标（0,0）位于屏幕的左上角，可显示4行汉字或字符。

图7.6 在"显示器"选项卡中选择"OLED-12864显示屏"

7.5 设置舞台背景及角色

（1）用填充颜色的矩形块绘制图 7.7 所示的龙宫地图作为舞台背景。其中，出口处填充颜色与其他地方有所不同。除了出口，其他地方的矩形块都用黑色线条绘制，方便程序检测边界。

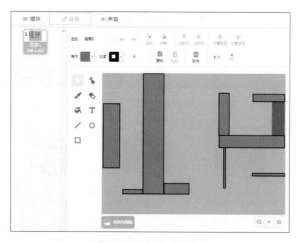

图7.7 绘制舞台背景

（2）用矩形块在造型面板上绘制一个新的角色"机关门"。注意填充颜色及线条和前面龙宫地形图里除出口外的其他地方相同。中心点设在矩形块其中一侧处，方便程序编写时以此为中心旋转，如图7.8所示。

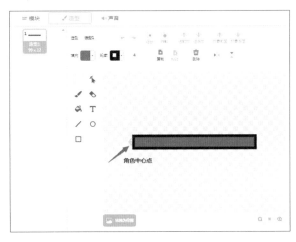

图7.8 绘制"机关门"角色

（3）从本地文件夹中上传"悟空""金箍棒""蟹兵""虾将"图片作为舞台上的角色，注意"蟹兵""虾将"各有两个造型。从系统角色库中选择"Key"角色作为钥匙。根据自己所绘制的舞台背景来确定角色大小，摆放好各角色的初始位置，如图7.9所示。

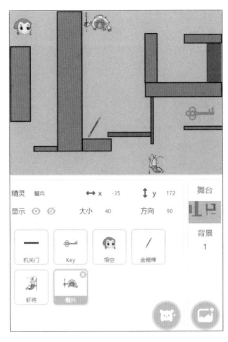

图7.9 上传舞台角色

7.6 编写程序

1. 测试摇杆

当分别向上、下、左、右推动摇杆及直接垂直按下摇杆时，摇杆会返回不同的数值，根据这些数值我们就可以控制角色了。编写图7.10所示的程序，可以得出不同操作状态下摇杆的返回值。由于存在摇杆输出电压精度问题，为了方便控制，对对应动作的电压进行范围识别，以消除个性差异。

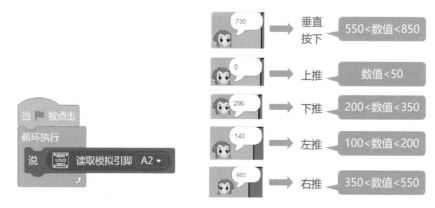

图7.10 测试摇杆

2. OLED显示屏显示标题

先初始化"悟空"角色，然后在屏幕中心处显示"龙宫寻宝"4个字。参考程序如图7.11所示。

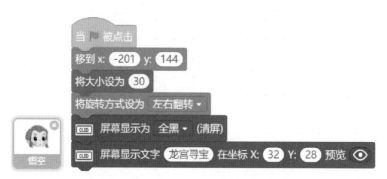

图7.11 OLED显示屏显示标题的参考程序

3. 用摇杆控制悟空移动

用摇杆控制悟空向不同方向移动，参考程序如图7.12所示。

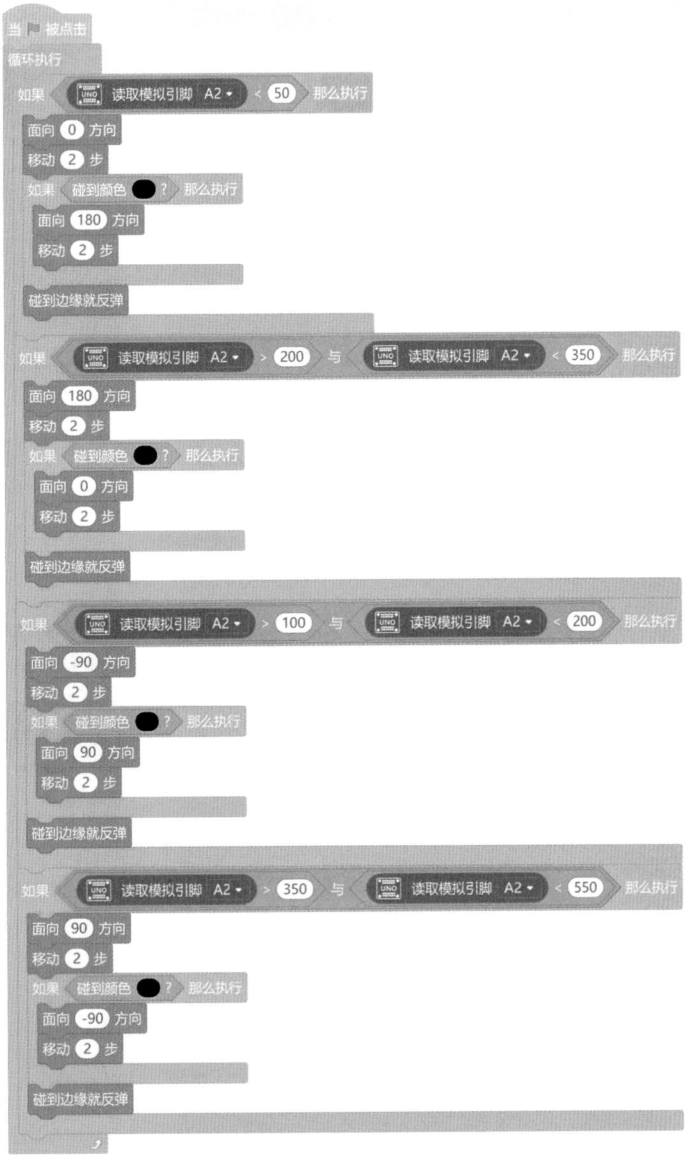

图7.12 用摇杆控制悟空移动的参考程序

4. 侦测及判断过关条件

游戏中，悟空只有碰到钥匙才能广播"消息1"，通知机关门开启；开启机关门后才能获取金箍棒；获取金箍棒且碰到出口才算成功过关。游戏中如果碰到蟹兵虾将，将返回起点。程序中的变量"计数"是判断悟空是否拿到金箍棒的条件，判断过程见后面的金箍棒脚本。侦测及判断过关条件的参考程序如图 7.13 所示。

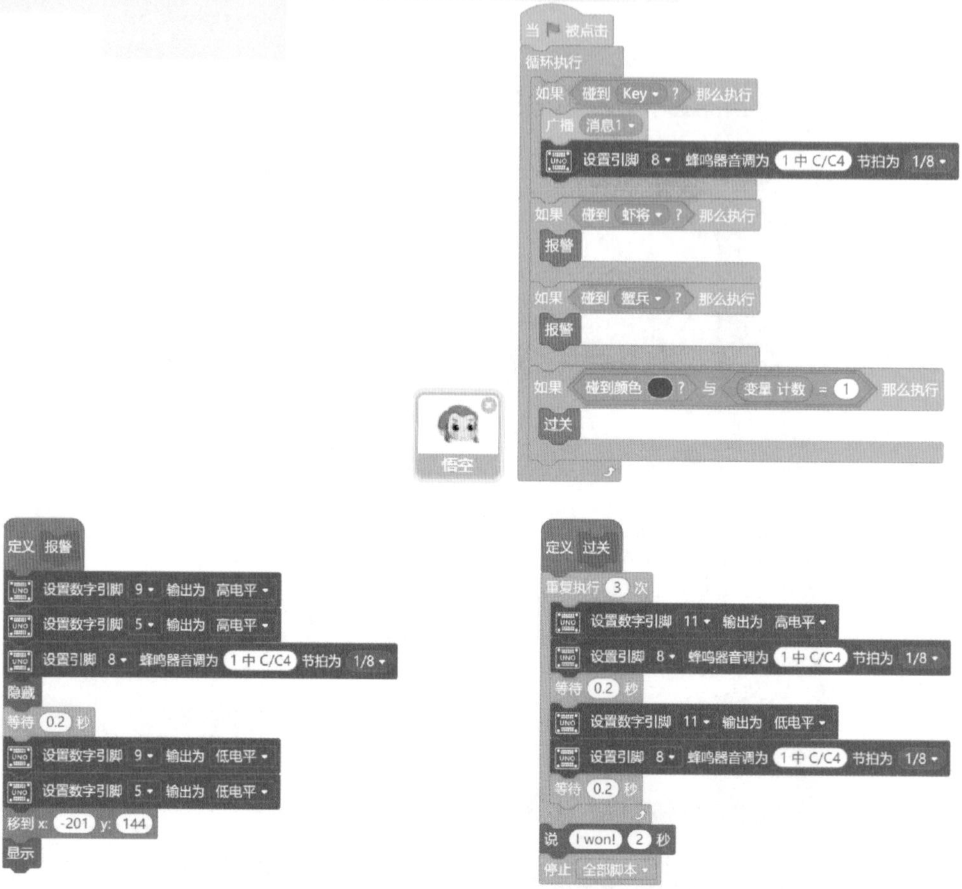

图7.13 侦测及判断过关条件的参考程序

5．机关门及key脚本

在游戏中，悟空碰到钥匙会广播"消息1"，钥匙接收到消息后会隐藏，机关门接收到消息后则会打开，参考程序如图7.14所示。

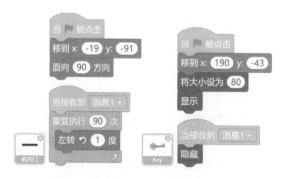

图7.14 机关门及key脚本的参考程序

6. 获取金箍棒

添加一个变量"计数"来表示悟空是否得到金箍棒，0表示没有得到，1表示得到。游戏开始时，设置变量"计数"的初始值为0，当金箍棒碰到悟空后，将变量"计数"增加1，并广播"消息2"，通知蟹兵开始巡逻，参考程序如图7.15所示。

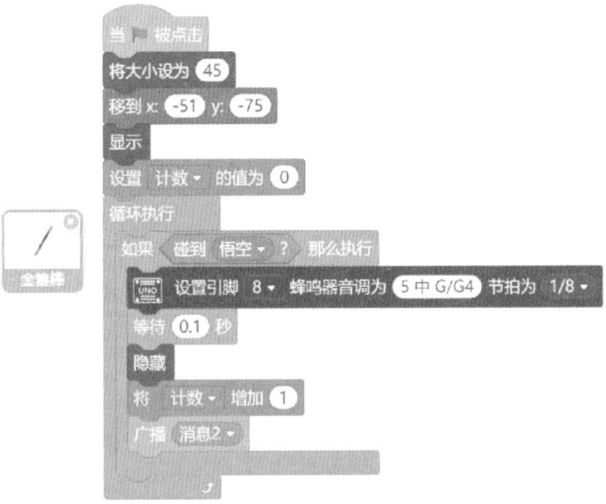

图7.15　获取金箍棒的参考程序

7. 巡逻的虾将及蟹兵

游戏中，虾将一直在舞台下方巡逻，蟹兵开始时隐藏，当金箍棒被悟空取走后，开始出现并来回移动，参考程序如图7.16所示。

图7.16　虾将和蟹兵的参考程序

7.7　拓展和提高

你还可以尝试为游戏添加更为丰富的声音和视觉特效；尝试当垂直按下摇杆时，悟空可以在龙宫里发射武器攻击蟹兵虾将；尝试让守卫更加智能，在悟空拿到钥匙或者金箍棒后，能主动搜索悟空；尝试增加暂停游戏的功能……你还有什么好的想法？快来试一试吧！

第8章 舞动金箍棒

8.1 故事情景

悟空向东海龙王索要兵器，得来了一件重一万三千五百斤的神奇宝贝——如意金箍棒。舞弄金箍棒是悟空的拿手绝活，左旋右转，忽快忽慢，好不威风。本章我们用西游实验箱上的旋钮和按钮来再现这一场景：当旋转旋钮时，金箍棒会向左或向右转起来；当按下按钮时，金箍棒会换位，如图8.1所示。

图8.1 "舞动金箍棒"效果展示

8.2 任务要求

（1）OLED 显示屏显示本章主题"舞动金箍棒"。

（2）当旋转旋钮时，金箍棒会向左或向右转起来。

（3）当按下按钮时，金箍棒会换位。

（4）当金箍棒换位时，LED 会闪烁，蜂鸣器会发出提示音。

8.3 硬件清单

制作这个场景所需要的硬件分别是：接在 I²C 端口的 OLED 显示屏、接在模拟引脚 1 的旋钮、接在数字引脚 3 的黄色按钮、接在数字引脚 4 的蓝色按钮、接在数字引脚 8 的蜂鸣器、接在数字引脚 10 的黄色 LED，如图 8.2 红色框所示。

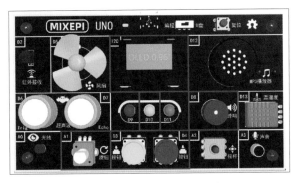

图8.2 "舞动金箍棒"所需的硬件展示

8.4 选择主控板及添加扩展模块

（1）打开 Mind+ 软件，选择"实时模式"，如图 8.3 所示。单击"扩展"，在"主控板"选项卡中选择"Arduino Uno"，如图 8.4 所示，并选择相应的串口，连接好设备，如图 8.5 所示。

图8.3 选择"实时模式"

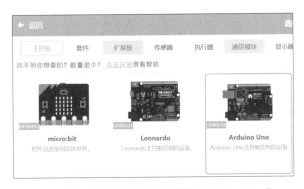

图8.4 在"主控板"选项卡中选择"Arduino Uno"

图8.5 选择连接设备

（2）单击"扩展"，在"显示器"选项卡中选择"OLED-12864显示屏"，如图8.6所示。OLED-12864显示屏的分辨率为128像素×64像素，坐标（0,0）位于屏幕的左上角，可显示4行汉字或字符。

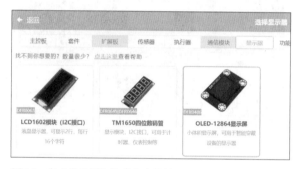

图8.6 在"显示器"选项卡中选择"OLED-12864显示屏"

8.5 设置舞台背景及角色

从本地文件夹中上传"学艺背景"图片作为舞台背景。从本地文件夹中上传"悟空"及"金箍棒"图片作为舞台上的角色，将"悟空"角色大小设置为80，如图8.7所示。

图8.7 设置舞台背景及角色

8.6 编写程序

1. OLED显示屏显示标题

在 OLED 显示屏中心处显示"舞动金箍棒"5 个字，显示前需进行清屏，参考程序如图 8.8 所示。

图8.8 OLED显示屏显示标题的参考程序

2. 测试旋钮

参考图 8.9 所示的程序，旋转西游实验箱上的旋钮，观察数值的变化规律。

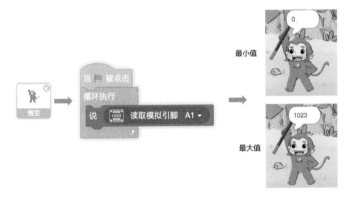

图8.9 测试旋钮

3. 测试按钮

参考图 8.10 所示的程序，测试按钮是否能正常返回值，即松开按钮时，返回1；按下按钮时，返回 0。

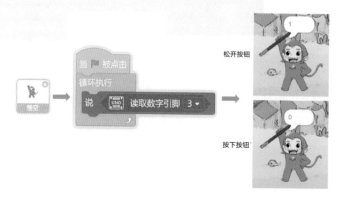

松开按钮

按下按钮

图8.10　测试按钮

4. 通过旋钮控制金箍棒旋转

设置好"金箍棒"角色的初始位置，创建变量"旋钮值"用于记录旋钮变化的数值。当旋钮值小于 512 时，金箍棒向左旋转；当旋钮值大于 512 时，金箍棒向右旋转。注意：旋转角度为负值时，方向相反，参考程序如图 8.11 所示。

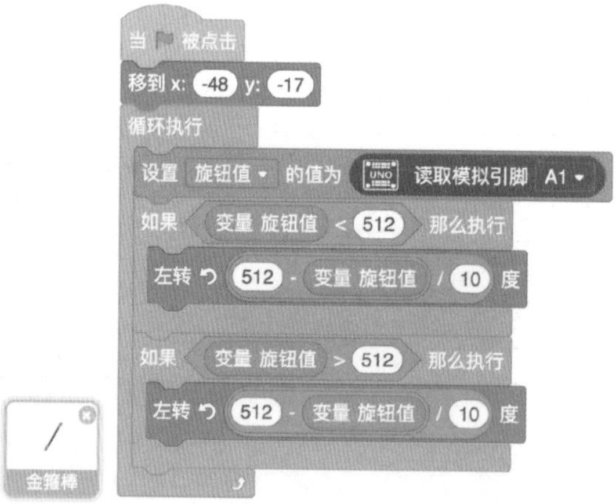

图8.11　用旋钮控制金箍棒旋转的参考程序

5. 用按钮控制金箍棒换位

当按下黄色按钮时，金箍棒会换到悟空右手；当按下蓝色按钮时，金箍棒会换到悟空左手。金箍棒换位时，通过改变接在数字引脚 10 的黄色 LED 的电平高 / 低状态让黄灯闪烁一次，同时蜂鸣器鸣响一声，参考程序如图 8.12 所示。

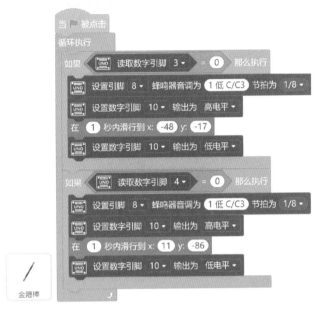

图8.12　用按钮控制金箍棒换位的参考程序

8.7　拓展和提高

尝试修改程序，实现当用按钮控制金箍棒换位时，金箍棒先隐藏再出现。你还有什么好的想法？快来试一试吧！

 第9章 筋斗云

9.1 故事情景

　　一日，菩提祖师问悟空近来又学会了什么，悟空答已能腾云驾雾，祖师便要悟空试飞。但见悟空动作怪异，除了翻筋斗上天，来去也只不过三里路，根本称不上腾云。悟空恳求菩提祖师传授能日游四海的腾云驾雾之法，菩提祖师便依悟空异于平常的翻筋斗动作，特别授予"筋斗云"，一个筋斗可以飞行十万八千里。本章我们用西游实验箱上的声音传感器和按钮来再现这一场景：当我们发出声音时，悟空在云上飞起来；当按下按钮时，悟空向左或右翻跟头，如图9.1所示。

图9.1 "筋斗云"效果展示

9.2 任务要求

（1）OLED 显示屏显示本章主题"筋斗云"。

（2）当发出声音时，悟空在云上飞起来。

（3）当按下按钮时，悟空向左或右翻跟头。

（4）当按下按钮时，LED 会闪烁，蜂鸣器会发出提示音。

9.3 硬件清单

制作这个场景所需要的硬件分别是：接在 I²C 端口的 OLED 显示屏、接在模拟引脚 3 的声音传感器、接在数字引脚 3 的黄色按钮、接在数字引脚 4 的蓝色按钮、接在数字引脚 8 的蜂鸣器、接在数字引脚 10 的黄色 LED，如图 9.2 红色框所示。

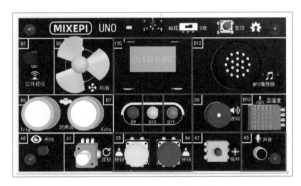

图9.2 "筋斗云"所需的硬件展示

9.4 选择主控板及添加扩展模块

（1）打开 Mind+ 软件，选择"实时模式"，如图 9.3 所示。单击"扩展"，在"主控板"选项卡中选择"Arduino Uno"，如图 9.4 所示，并选择相应的串口，连接好设备，如图 9.5 所示。

实时模式　上传模式

图9.3 选择"实时模式"

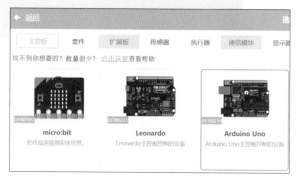

图9.4 在"主控板"选项卡中选择"Arduino Uno"

图9.5 选择连接设备

（2）单击"扩展"，在"显示器"选项卡中选择"OLED-12864显示屏"，如图9.6所示。OLED-12864显示屏的分辨率为128像素×64像素，坐标（0,0）位于屏幕的左上角，可显示4行汉字或字符。

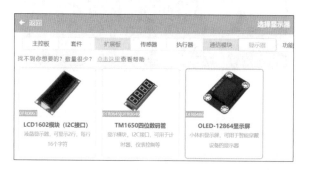

图9.6 在"显示器"选项卡中选择"OLED-12864显示屏"

9.5 设置舞台背景及角色

从本地文件夹中上传"天宫"图片作为舞台背景。从本地文件夹中上传"悟空"图片作为舞台上的角色，该角色有两个造型。从系统角色库中选择"白云"图片并复制出另外两个作为舞台上的角色，每个角色选择不同的造型，如图9.7所示。

图9.7 设置舞台背景及角色

9.6 编写程序

1. OLED显示屏显示标题

在 OLED 显示屏中心处显示"筋斗云"3 个字，显示前需进行清屏，参考程序如图 9.8 所示。

图9.8 OLED显示屏显示标题的参考程序

2. 测试声音传感器

参考图 9.9 所示的程序，对着声音传感器发出声音（或者吹气），观察数值的变化规律。

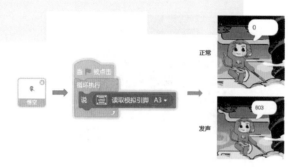

图9.9　测试声音传感器

3．测试按钮

参考图 9.10 所示的程序，测试按钮是否能正常返回值，即松开按钮时，返回 1；按下按钮时，返回 0。

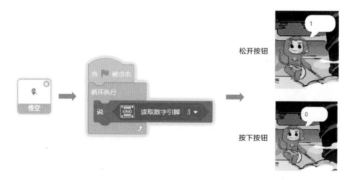

图9.10　测试按钮

4．通过声音控制悟空飞行动作

创建一个变量"声音值"用于记录声音的大小。当悟空在下落过程中碰到某一个"白云"角色时，y 坐标保持不变，让悟空悬停在空中。当声音值超过 100 时，不断增加 y 坐标，让悟空向上飞。在程序运行过程中，每间隔一定时间就切换一个造型，让悟空的形象更生动，参考程序如图 9.11 所示。

图9.11 通过声音控制悟空飞行动作的参考程序

5. 通过按钮控制悟空翻跟头

当按下黄色按钮时，悟空向左翻跟头；当按下蓝色按钮时，悟空向右翻跟头。翻跟头时，通过改变接在数字引脚 10 的黄色 LED 的电平高 / 低状态让黄灯闪烁一次，同时蜂鸣器鸣响一声，参考程序如图 9.12 所示。

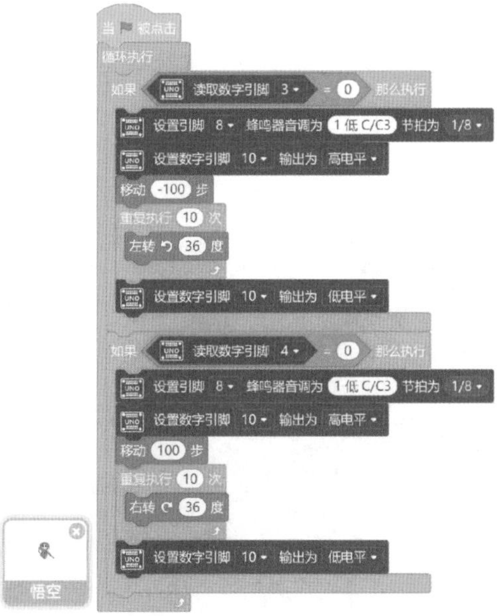

图9.12 通过按钮控制悟空翻跟头的参考程序

9.7 拓展和提高

尝试修改程序，设置舞台背景滚动起来，让画面效果更生动。

 # 第 10 章 风雪取经路

10.1 故事情景

　　唐僧师徒取经的路上除了有妖魔鬼怪挡道，有时候恶劣的天气也给他们的出行制造了不小的困难。纷纷洒洒好大一场雪呀！但只见"千林树，株株带玉。须臾积粉，顷刻成盐……几家村舍如银砌，万里江山似玉团"。本章我们用西游实验箱上的温 / 湿度传感器来再现"风雪取经路"这一场景，体会西天取经的不易：当天气湿度过大时，就可能有漫天雪花飞舞，如图 10.1 所示。

图10.1　"风雪取经路"效果展示

10.2 任务要求

　　（1）OLED 显示屏显示本章主题"风雪取经路"。

　　（2）当天气湿度正常时，不下雪。

（3）当天气湿度过大时，雪花漫天飞舞。

（4）湿度越大，雪下得越大。

10.3　硬件清单

制作这个场景所需要的硬件分别是：接在 I²C 端口的 OLED 显示屏、接在数字引脚 8 的蜂鸣器、接在数字引脚 10 的黄色 LED、接在数字引脚 13 的温 / 湿度传感器，如图 10.2 红色框所示。

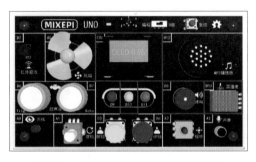

图10.2　"风雪取经路"所需的硬件展示

10.4　选择主控板及添加扩展模块

（1）打开 Mind+ 软件，选择"实时模式"，如图 10.3 所示。单击"扩展"，在"主控板"选项卡中选择"Arduino Uno"，如图 10.4 所示，并选择相应的串口，连接好设备，如图 10.5 所示。

图10.3　选择"实时模式"

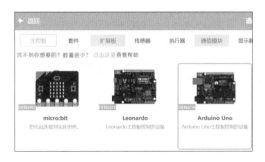

图10.4　在"主控板"选项卡中选择"Arduino Uno"

图10.5　选择连接设备

（2）单击"扩展"，在"显示器"选项卡中选择"OLED-12864显示屏"，如图
10.6所示。OLED-12864显示屏的分辨率为128像素×64像素，坐标（0,0）位于屏幕的
左上角，可显示4行汉字或字符。

图10.6　在"显示器"选项卡中选择"OLED-12864显示屏"

（3）单击"扩展"，在"传感器"选项卡中选择"DHT11/22温湿度传感器"，如
图10.7所示，该传感器一般用于测量当前环境的温度或湿度。

图10.7　在"传感器"选项卡中选择"DHT11/22温湿度传感器"

10.5　设置舞台背景及角色

（1）从本地文件夹中上传"山路背景"图片作为舞台背景。从本地文件夹中上传"悟
空""唐僧"图片作为舞台上的角色，每个角色有两个造型，将"唐僧"角色大小设置

为 80。从系统角色库中选择"雪花"图片作为舞台上的角色，如图 10.8 所示。

图10.8 设置舞台背景及角色

（2）选择填充颜色为白色，通过填充工具将雪花造型轮廓填充为白色，如图 10.9 所示。

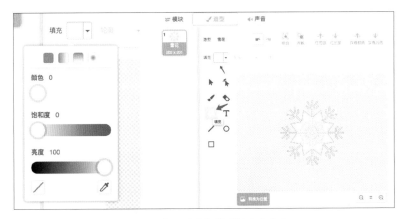

图10.9 将"雪花"造型填充为白色

10.6 编写程序

1. OLED显示屏显示标题

在 OLED 显示屏中心处显示"风雪取经路"5 个字，显示前需进行清屏，参考程序
如图 10.10 所示。

图10.10　OLED显示屏显示标题的参考程序

2. 测试DHT11温/湿度传感器

参考图 10.11 所示的程序，创建一个变量"湿度值"用于记录当前环境湿度。对着 DHT11 温 / 湿度传感器吹口热气，观察湿度值的变化规律。

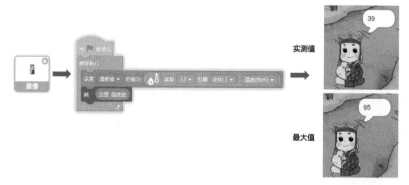

图10.11　测试DHT11温/湿度传感器

3. 让角色不断切换造型

间隔一定时间切换造型，让"唐僧"和"悟空"角色动起来，参考程序如图 10.12 所示。

图10.12　角色切换造型的参考程序

4. 根据湿度控制下雪

当湿度值超过一定数值时，通过克隆出更多"雪花"角色向舞台下方移动，模拟下雪的过程。湿度值越大，雪花越多，雪下得越大，参考程序如图 10.13 所示。

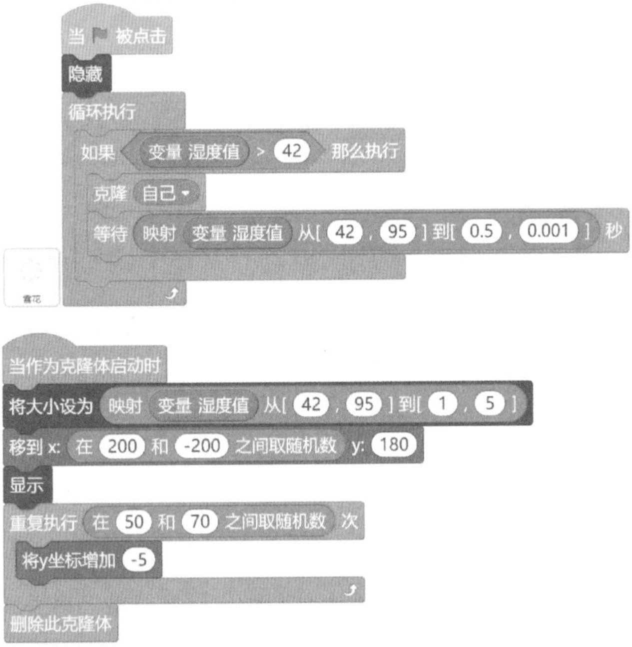

图10.13　根据湿度控制下雪的参考程序

5. 蜂鸣器及LED效果

当满足下雪条件时，蜂鸣器鸣响，LED 闪烁 3 次，参考程序如图 10.14 所示。

图10.14　蜂鸣器及LED效果的参考程序

10.7　拓展和提高

好大的雪呀！持续下了一天又一夜。通过西游实验箱上的光线传感器来控制舞台背景，当光线不足时，舞台背景变暗，表示天黑；当光线变强时，舞台背景变亮，表示天亮。

第 11 章 金箍棒电风扇

11.1 故事情景

唐僧收了悟空、悟能两个徒弟后，风餐露宿、披星戴月地日夜兼程赶赴西天，时间不觉已到了炎炎夏日，但见那"花尽蝶无情叙，树高蝉有声喧。野蚕成茧火榴妍，沼内新荷出现"。本章我们用西游实验箱上的温/湿度传感器来再现这一场景：唐僧感觉很热，于是悟空就舞起了他的金箍棒变成电风扇，给师父纳凉降温，如图11.1所示。

图11.1 "金箍棒电风扇"效果展示

11.2 任务要求

（1）OLED 显示屏显示本章主题"金箍棒电风扇"。

（2）当气温过高时，舞台上的金箍棒电风扇开启，同时西游实验箱上的风扇同步转动。

（3）当气温正常时，舞台上的金箍棒电风扇关闭，同时西游实验箱上的风扇同步停止转动。

（4）温度越高，风扇转速越快。

11.3 硬件清单

制作这个场景所需要的硬件分别是：接在 I²C 端口的 OLED 显示屏、接在数字引脚 5 的风扇、接在数字引脚 8 的蜂鸣器、接在数字引脚 10 的黄色 LED，接在数字引脚 13 的温 / 湿度传感器，如图 11.2 红色框所示。

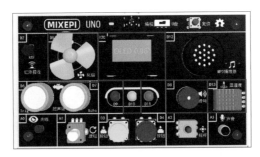

图11.2 "金箍棒电风扇"所需的硬件展示

11.4 选择主控板及添加扩展模块

（1）打开 Mind+ 软件，选择"实时模式"，如图 11.3 所示。单击"扩展"，在"主控板"选项卡中选择"Arduino Uno"，如图 11.4 所示，并选择相应的串口，连接好设备，如图 11.5 所示。

图11.3 选择"实时模式"

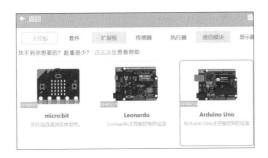

图11.4 在"主控板"选项卡中选择"Arduino Uno"

图11.5　选择连接设备

（2）单击"扩展"，在"显示器"选项卡中选择"OLED-12864显示屏"，如图11.6所示。OLED-12864显示屏的分辨率为128像素×64像素，坐标（0,0）位于屏幕的左上角，可显示4行汉字或字符。

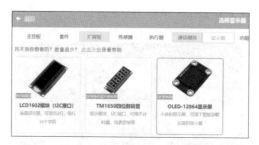

图11.6　在"显示器"选项卡中选择"OLED-12864显示屏"

（3）单击"扩展"，在"传感器"选项卡中选择"DHT11/22温湿度传感器"，如图11.7所示，该传感器一般用于测量当前环境的温度或湿度。

图11.7　在"传感器"选项卡中选择"DHT11/22温湿度传感器"

11.5　设置舞台背景及角色

（1）从本地文件夹中上传"山路背景"图片作为舞台背景。从本地文件夹中上传"悟空""唐僧"图片作为舞台上的角色，"唐僧"角色有两个造型，"唐僧"及"悟空"角色大小都设置为80。从本地文件夹中上传"金箍棒"图片作为舞台上的角色，如图11.8所示。

图11.8 设置舞台背景及角色

（2）选择圆工具，将轮廓颜色设置为红色，不填充，线宽为 5，绘制一个红色的圆作为扇圈，如图 11.9 所示。

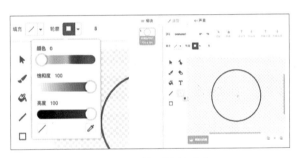

图11.9 绘制"扇圈"角色

11.6 编写程序

1. OLED显示屏显示标题

在 OLED 显示屏中心处显示"金箍棒电风扇"6 个字，显示前需进行清屏，参考程序如图 11.10 所示。

图11.10 OLED显示屏显示标题的参考程序

2. 测试DHT11温/湿度传感器

参考图 11.11 所示的程序，创建一个变量"温度值"用于记录当前温度。用电吹风对着 DHT11 温 / 湿度传感器吹热风，观察温度值的变化规律。

图11.11　测试DHT11温 / 湿度传感器

3. 风扇转动测试

参考图 11.12 所示的程序，通过控制西游实验箱上数字引脚 5（PWM 引脚）的输出可以控制风扇的转动，参数为 0 ~ 255，数值越大，转速越快。

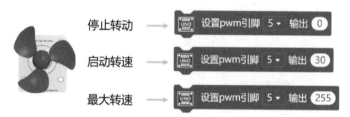

图11.12　风扇转动测试

4. 角色状态变化

当温度值超过一定数值时，让唐僧说"好热！"。间隔一定时间切换造型，让唐僧嘴巴一张一合，参考程序如图 11.13 所示。

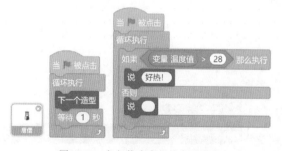

图11.13　角色状态变化的参考程序

5. 根据温度控制风扇转动

当温度值大于一定值时，金箍棒电风扇开始转动，接在西游实验箱上的风扇同步转动，温度越高，转速越快，参考程序如图 11.14 所示。

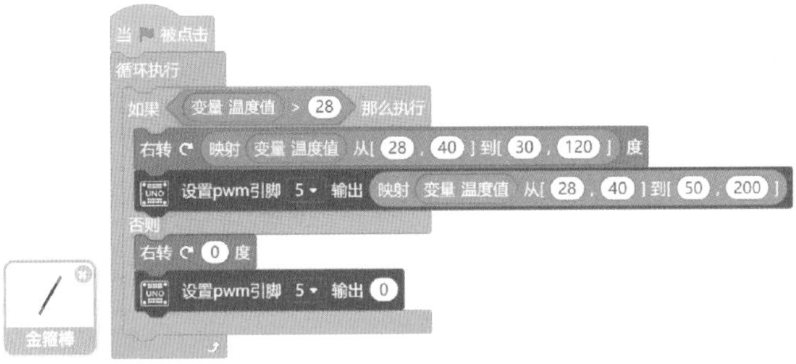

图11.14　根据温度控制风扇转动的参考程序

6. 蜂鸣器及LED效果

当温度值超过一定数值时，西游实验箱上的蜂鸣器开始鸣响，LED 不断闪烁，参考程序如图 11.15 所示。

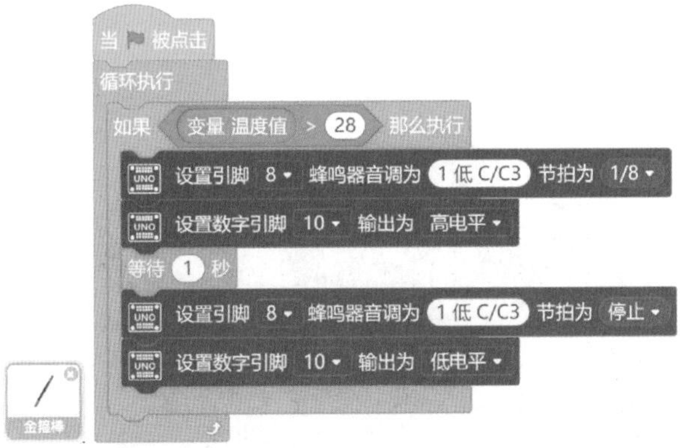

图11.15　蜂鸣器及LED效果的参考程序

11.7　拓展和提高

你还可以尝试用西游实验箱上的两个按钮，切换舞台上金箍棒电风扇的旋转方向。还有什么好的想法？快来试一试吧！

第 12 章 超声波保护圈

12.1 故事情景

一天，悟空要去为师父化斋饭。临行前，取出金箍棒，幌了一幌，在平地周围画了一道圈子，请唐僧坐在中间，着八戒、沙僧侍立左右，对唐僧合掌道："老孙画的这圈，强似那铜墙铁壁，凭他甚么虎豹狼虫，妖魔鬼怪，俱莫敢近。但只不许你们走出圈外，只在中间稳坐，保你无虞；但若出了圈儿，定遭毒手。千万千万！至嘱至嘱！"本章我们用西游实验箱上的超声波传感器来再现这一场景：当男巫想要靠近唐僧时，被超声波保护圈发现并赶跑了，如图 12.1 所示。

图12.1 "超声波保护圈"效果展示

12.2 任务要求

（1）OLED 显示屏显示本章主题"超声波保护圈"。

（2）当超声波前面一定范围内有阻挡时，男巫慢慢向师父靠近。

（3）当男巫碰到保护圈时，保护圈连续变换颜色并赶走男巫。

（4）当男巫碰到保护圈时，西游实验箱上的蜂鸣器鸣响，红色 LED 闪烁，电机震动（本例用风扇转动代替）。

12.3 硬件清单

制作这个场景所需要的硬件分别是：接在 I²C 端口的 OLED 显示屏、接在数字引脚 5 的风扇、接在数字引脚 6 ~ 7 的超声波传感器、接在数字引脚 8 的蜂鸣器、接在数字引脚 9 的红色 LED，如图 12.2 红色框所示。

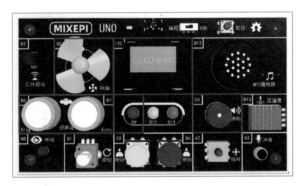

图12.2 "超声波保护圈"所需的硬件展示

12.4 选择主控板及添加扩展模块

（1）打开 Mind+ 软件，选择"实时模式"，如图 12.3 所示。单击"扩展"，在"主控板"选项卡中选择"Arduino Uno"，如图 12.4 所示，并选择相应的串口，连接好设备，如图 12.5 所示。

实时模式 上传模式

图12.3 选择"实时模式"

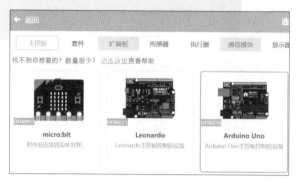

图12.4 在"主控板"选项卡中选择"Arduino Uno"

图12.5 选择连接设备

（2）单击"扩展"，在"显示器"选项卡中选择"OLED-12864显示屏"，如图12.6所示。OLED-12864显示屏的分辨率为128像素×64像素，坐标（0,0）位于屏幕的左上角，可显示4行汉字或字符。

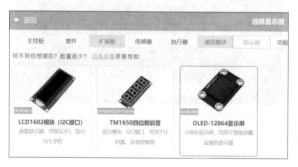

图12.6 在"显示器"选项卡中选择"OLED-12864显示屏"

12.5 设置舞台背景及角色

（1）从本地文件夹中上传"山路背景"图片作为舞台背景。从本地文件夹中上传"唐僧""金箍棒"图片作为舞台上的角色。将"唐僧"角色大小设置为80。从角色库中选择"男巫"图片作为舞台上的角色，并设置角色大小为50，如图12.7所示。

图12.7　设置舞台背景及角色

（2）绘制一个"保护圈"角色，大小能圈住唐僧。并为"金箍棒"角色添加两个造型，设置发光金箍棒的效果，如图 12.8 所示。

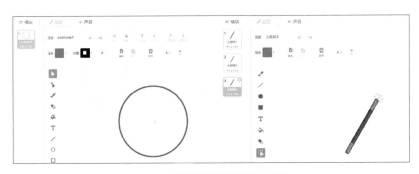

图12.8　绘制保护圈及发光金箍棒

12.6　编写程序

1. OLED显示屏显示标题

在 OLED 显示屏中心处显示"超声波保护圈"6 个字，显示前需进行清屏，参考程序如图 12.9 所示。

图12.9　OLED显示屏显示标题的参考程序

2. 测试超声波传感器

参考图 12.10 所示的程序，创建一个变量"超声波值"用于记录遮挡物的距离。让手掌慢慢远离超声波传感器，观察超声波值的变化。

图12.10　测试超声波传感器

3. 风扇转动与停止测试

参考图 12.11 所示的程序，通过西游实验箱上数字引脚 5 的高 / 低电平设置，可以控制风扇的转动与停止。

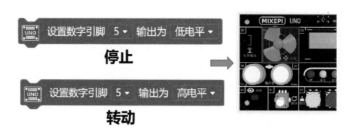

图12.11　风扇转动与停止测试

4. 初始化角色

游戏开始时，对角色进行初始化，设置造型变化，参考程序如图 12.12 所示。

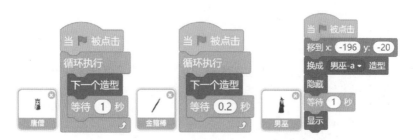

图12.12　初始化角色的参考程序

5．启动超声波保护圈

当超声波传感器检测到一定范围内有阻挡时，男巫慢慢向师父靠近，碰到圈时触发蜂鸣器鸣响，红灯闪烁，风扇转动，保护圈连续变换颜色赶走男巫，参考程序如图 12.13 所示。

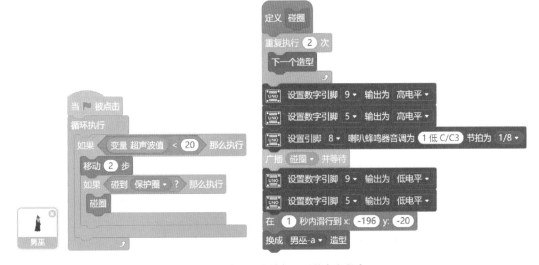

图12.13　启动超声波保护圈的参考程序

6．保护圈变换颜色

当保护圈接收到广播的"碰圈"消息时连续变换颜色，参考程序如图 12.14 所示。

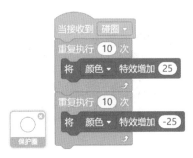

图12.14　保护圈变换颜色的参考程序

12.7　拓展和提高

用变量记录男巫触碰保护圈的次数，超过 5 次则蜂鸣器鸣响 3 次，结束所有程序。你还有什么好的想法？快来试一试吧！

第 13 章 大闹天宫

13.1 故事情景

悟空是个急脾气，一言不合就要打架。你看！在天宫外，悟空因毁了王母娘娘的蟠桃会，又偷吃了太上老君的金丹，和前来抓捕他的天兵天将展开了一场较量。本章我们用西游实验箱上的旋钮和按钮来控制悟空上下移动及发射桃镖，与天兵天将一决高下，如图 13.1 所示。

图13.1　"大闹天宫"效果展示

13.2 任务要求

（1）OLED 显示屏显示本章主题"大闹天宫"。

（2）用旋钮来控制悟空上下移动。

（3）用按钮来控制悟空发射桃镖。

（4）当桃镖击中目标时，电机震动（本例用风扇转动代替），蜂鸣器鸣响。

13.3 硬件清单

制作这个场景所需要的硬件分别是：接在 I²C 端口的 OLED 显示屏、接在数字引脚 3 的黄色按钮、接在数字引脚 5 的风扇、接在数字引脚 8 的蜂鸣器、接在模拟引脚 1 的旋钮，如图 13.2 红色框所示。

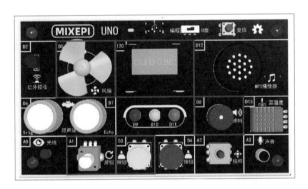

图13.2 "大闹天宫"所需的硬件展示

13.4 选择主控板及添加扩展模块

（1）打开 Mind+ 软件，选择"实时模式"，如图 13.3 所示。单击"扩展"，在"主控板"选项卡中选择"Arduino Uno"，如图 13.4 所示，并选择相应的串口，连接好设备，如图 13.5 所示。

实时模式　上传模式

图13.3 选择"实时模式"

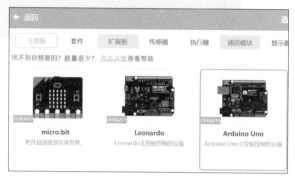

图13.4 在"主控板"选项卡中选择"Arduino Uno"

图13.5 选择连接设备

（2）单击"扩展"，在"显示器"选项卡中选择"OLED-12864显示屏"，如图13.6所示。OLED-12864显示屏的分辨率为128像素×64像素，坐标（0,0）位于屏幕的左上角，可显示4行汉字或字符。

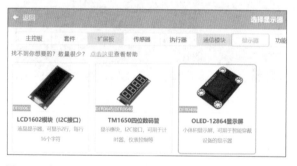

图13.6 在"显示器"选项卡中选择"OLED-12864显示屏"

13.5 设置舞台背景及角色

（1）本章的"天宫"背景是可以移动的，所以使用时需作为角色导入。复制第二个相同的背景角色，并将其水平翻转，使"天宫1"和"天宫2"两张背景角色图片呈轴对称，如图13.7所示。

图13.7　翻转角色

（2）从本地文件夹中上传"悟空""二郎神""哪吒""托塔天王""桃镖"图片作为舞台上的角色。注意"悟空""二郎神""哪吒""托塔天王"都有两个造型。将"悟空"角色大小设置为 70，"桃镖"角色大小设置为 60，如图 13.8 所示。

图13.8　导入角色

13.6　编写程序

1. OLED显示屏显示标题

在 OLED 显示屏中心处显示"大闹天宫"4 个字，显示前需进行清屏，参考程序如图 13.9 所示。

图13.9　OLED显示屏显示标题的参考程序

2. 制作移动背景

移动背景的制作方法：将两幅背景图片并排，以同样的速度和方向，循环地从舞台一侧移动到另一侧实现，参考程序如图 13.10 所示。

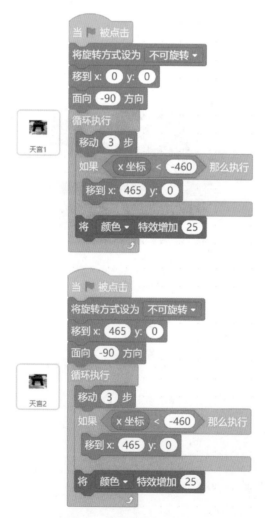

图13.10　移动背景的参考程序

3. 用旋钮控制悟空上下移动

当旋钮值变大时，"悟空"角色往上移动；当旋钮值变小时，"悟空"角色往下移动，并且旋钮值的变化速度与"悟空"角色的移动速度同步，参考程序如图 13.11 所示。

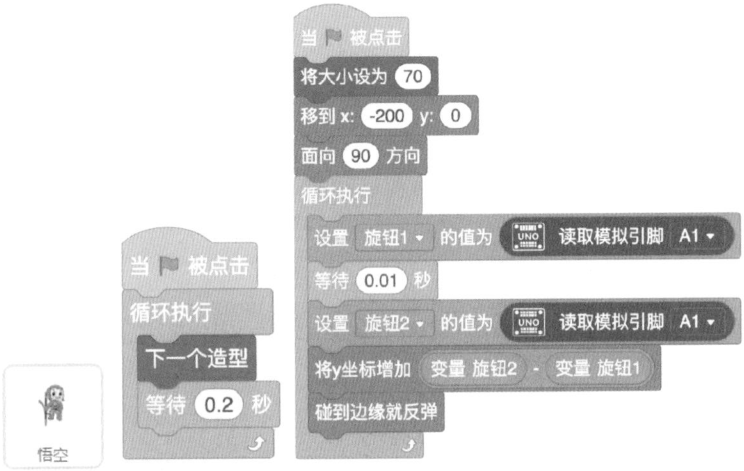

图13.11　用旋钮控制悟空上下移动的参考程序

4. 发射桃镖

新建一个变量"时间"，用于游戏计时。当按下黄色按钮时，悟空发射桃镖，参考程序如图 13.12 所示。

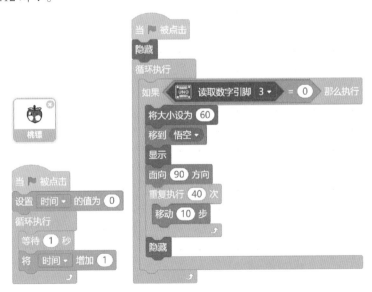

图13.12　发射桃镖的参考程序

5. 天兵天将出现

在游戏中，天兵天将从屏幕右侧以随机高度向左滑行。如果碰到桃镖，则蜂鸣器鸣响，天兵天将消失；如果碰到悟空，则悟空的生命值减少。

（1）托塔天王出现，参考程序如图 13.13 所示。

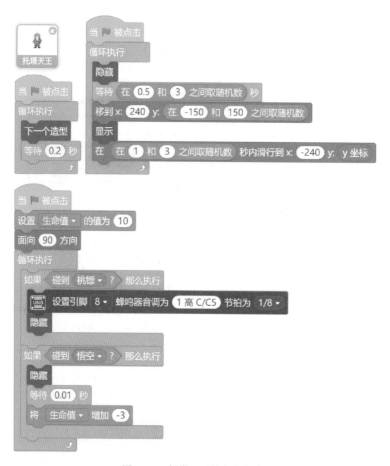

图13.13　托塔天王的参考程序

（2）二郎神和哪吒的脚本相同，注意和托塔天王脚本的不同之处在于碰到悟空后，悟空生命值的减少量不同，参考程序如图 13.14 所示。

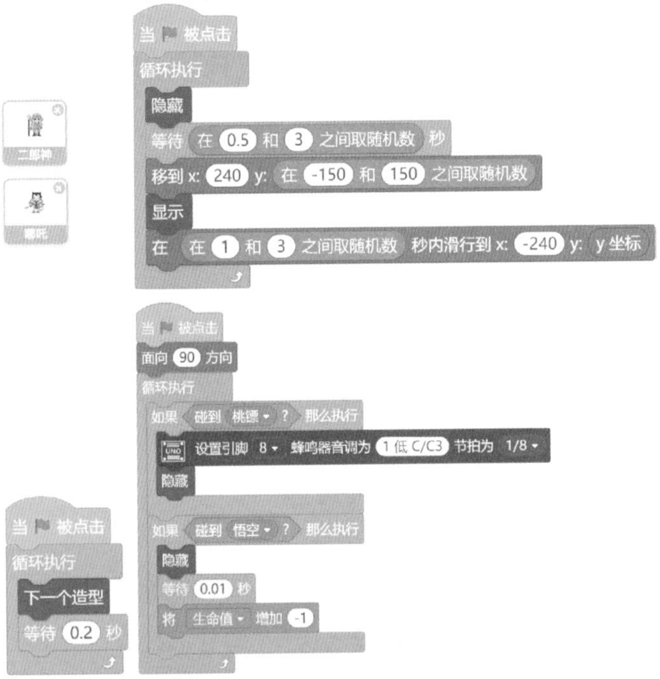

图13.14 二郎神和哪吒的参考程序

6. 游戏结束规则

当生命值为 0 时，游戏失败；当游戏时间坚持 50s 时，游戏胜利，参考程序如图 13.15 所示。

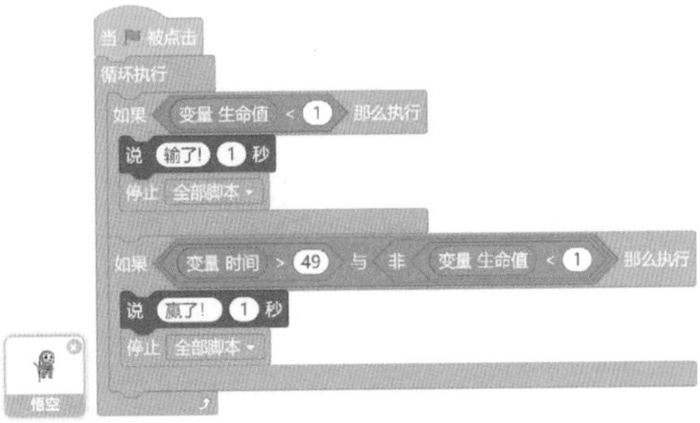

图13.15 游戏结束的参考程序

13.7 拓展和提高

你可以继续完善游戏，当按下西游实验箱上的蓝色按钮时，发射金箍棒攻击天兵天将；当悟空碰到"托塔天王"角色时，开启风扇给予提醒。你还有什么好的想法？快来试一试吧！

第 14 章 智能夜行灯

14.1 故事情景

悟空跟随师父西天取经，取经路途遥远，经常需要赶夜路，山路弯弯，很不安全。于是，聪明的悟空利用自己刚学会的人工智能技术，发明了一个可以用语音自动控制的智能夜行灯，解决了这个难题，得到了师父的表扬和肯定。"智能夜行灯"的效果如图14.1所示。

图14.1 "智能夜行灯"效果展示

14.2 任务要求

（1）OLED 显示屏显示本章主题"智能夜行灯"。

（2）语音播报标题及悟空和师父的对话。

（3）语音识别成功后，点亮舞台上的夜行灯。

（4）语音识别成功后，点亮西游实验箱上的黄色 LED。

14.3　硬件清单

制作这个场景所需要的硬件分别是：接在 I²C 端口的 OLED 显示屏、接在数字引脚 8 的蜂鸣器、接在数字引脚 10 的黄色 LED，如图 14.2 红色框所示。

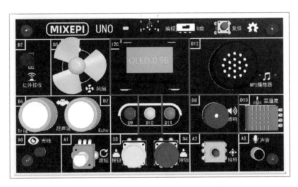

图14.2　"智能夜行灯"所需的硬件展示

14.4　选择主控板及添加扩展模块

（1）打开 Mind+ 软件，选择"实时模式"，如图 14.3 所示。单击"扩展"，在"主控板"选项卡中选择"Arduino Uno"，如图 14.4 所示，并选择相应的串口，连接好设备，如图 14.5 所示。

图14.3　选择"实时模式"

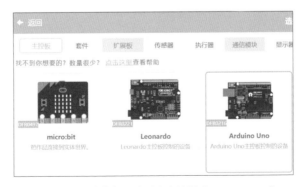

图14.4　在"主控板"选项卡中选择"Arduino Uno"

图14.5 选择连接设备

（2）单击"扩展"，在"显示器"选项卡中选择"OLED-12864显示屏"，如图14.6所示。OLED-12864显示屏的分辨率为128像素×64像素，坐标（0,0）位于屏幕的左上角，可显示4行汉字或字符。

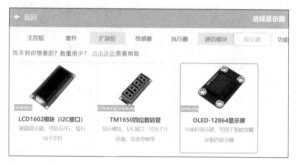

图14.6 在"显示器"选项卡中选择"OLED-12864显示屏"

（3）单击"扩展"，在"网络服务"选项卡中选择"文字朗读""语音识别"两个模块，如图14.7所示。

图14.7 在"网络服务"选项卡中添加"文字朗读"和"语音识别"模块

14.5 设置舞台背景及角色

（1）从本地文件夹中上传"山路背景"图片作为舞台背景。

（2）从本地文件夹中上传 "悟空""唐僧""金箍棒""灯" 图片作为舞台上的角色。上传时注意 "唐僧""灯" 都有两个造型。将 "悟空" 角色大小设置为 70；"灯" 角色大小设置为 80，如图 14.8 所示。

图14.8　设置舞台背景及角色

（3）将 "金箍棒" 角色的中心点设置在金箍棒的底端，如图 14.9 所示。

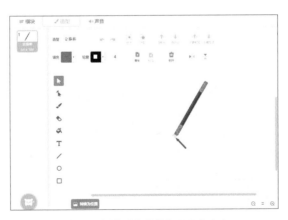

图14.9　调整 "金箍棒" 角色中心点

（4）"灯" 角色有两个造型，其中 "灯 1" 表示灯灭时的样子，"灯 2" 表示灯亮时的样子，如图 14.10 所示。

图14.10　"灯"角色的两个造型

（5）绘制一个新角色"标题"，在造型中输入文字"智能夜行灯"。文字有两个造型，颜色一浅一深，浅色便于在黑色背景中显示，如图14.11所示。

图14.11　"标题"角色的两个造型

14.6　编写程序

1. OLED显示屏显示标题

先清屏，然后在屏幕中心处显示"智能夜行灯"5个字，参考程序如图14.12所示。

图14.12　OLED显示屏显示标题的参考程序

2．标题朗读及唐僧说话

程序设计中，通过语音朗读来增强故事的表现力，通过广播来实现师徒对话切换，这里不加文字的"说"指令，用来消除前面的文字显示，参考程序如图 14.13 所示。

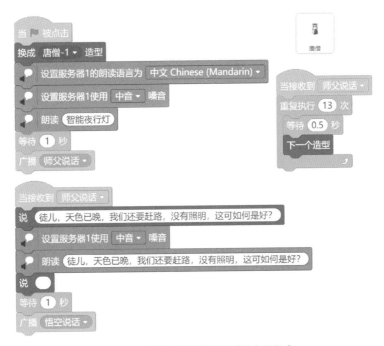

图14.13　标题朗读及唐僧说话的参考程序

3．悟空回话

悟空接到唐僧发来的消息后开始回话。这里不加文字的"说"指令，用来消除前面的文字显示，悟空说完后通过广播"变"消息通知"金箍棒"角色，参考程序如图 14.14 所示。

图14.14　悟空回话的参考程序

4. 金箍棒出现并进行语音识别

金箍棒初始大小为 0，收到"变"消息后进行语音识别，当识别到"夜行灯"3 个字时逐渐变大，并通过广播"亮灯"消息后，通知"灯"角色亮起来，参考程序如图 14.15 所示。

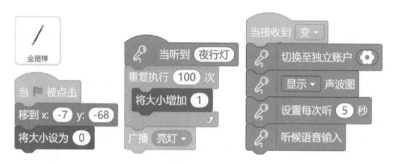

图14.15 金箍棒出现并进行语音识别的参考程序

注意：语音识别需切换到自己的百度 AI 独立账户，输入 API Key 和 Secret Key，如图 14.16 所示。

图14.16 AI独立账户输入界面

5. 点亮夜行灯

"灯"角色的起始位置在金箍棒的底端，收到"亮灯"消息后显示出来，并移动到顶端位置，切换为开灯时的造型，随后通知舞台背景亮起来，参考程序如图 14.17 所示。

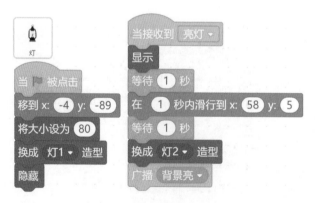

图14.17 点亮夜行灯的参考程序

6. 点亮背景及黄色LED

程序起始时关闭连接在数字引脚10的黄色LED，并将舞台背景设定为比较暗的状态。接收到"背景亮"消息后蜂鸣器鸣响一声，让舞台背景及黄色LED同步变亮，广播"结束"消息，参考程序如图14.18所示。

图14.18　点亮背景及黄色LED的参考程序

7. 收到"结束"消息时

收到"结束"消息时，唐僧给悟空点赞，标题变换颜色，参考程序如图14.19所示。

图14.19　收到"结束"消息时的参考程序

14.7　拓展和提高

你还可以尝试用西游实验箱上的光线传感器的阈值（即光线低于某一数值时）来启动程序，点亮智能夜行灯，快来试一试吧！

第 15 章 唐僧的藏经箱

15.1 故事情景

唐僧师徒历经九九八十一难，终于取回真经。在返回途中，师父很担心路上有坏人打劫，丢失或损坏经书。于是，悟空把取回来的经书都放在了一个带有摄像头的特制藏经箱中。只有输入正确的密码，并且摄像头识别到的开锁人是一个戴着眼镜的男生，这个藏经箱才能被顺利打开，如图 15.1 所示。

图15.1 "唐僧的藏经箱"效果展示

15.2 任务要求

（1）OLED 显示屏显示本章主题"唐僧的藏经箱"。

（2）语音播报悟空和师父的对话。

（3）生成 3 位动态密码，密码输入正确后启动图像识别功能。

（4）图像识别成功后，舞台上的藏经箱被成功打开。

（5）图像识别成功后，接在西游实验箱上的蜂鸣器鸣响、LED 依次亮起、风扇旋转，模拟藏经箱被打开的情境。

15.3　硬件清单

制作这个场景所需要的硬件分别是：接在 I^2C 端口的 OLED 显示屏、接在数字引脚 5 的风扇、接在数字引脚 8 的蜂鸣器、接在数字引脚 9 ~ 11 的 3 个 LED，如图 15.2 红色框所示。

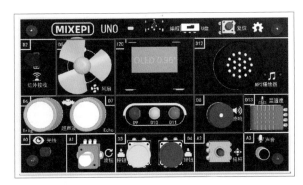

图15.2　"唐僧的藏经箱"所需的硬件展示

15.4　选择主控板及添加扩展模块

（1）打开 Mind+ 软件，选择"实时模式"，如图 15.3 所示。单击"扩展"，在"主控板"选项卡中选择"Arduino Uno"，如图 15.4 所示，并选择相应的串口，连接好设备，如图 15.5 所示。

图15.3　选择"实时模式"

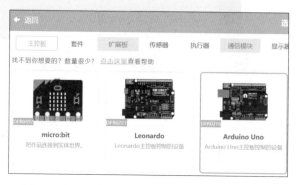

图15.4 在"主控板"选项卡中选择"Arduino Uno"

图15.5 选择连接设备

（2）单击"扩展"，在"显示器"选项卡中选择"OLED-12864 显示屏"，如图 15.6 所示。OLED-12864 显示屏的分辨率为 128 像素×64 像素，坐标（0,0）位于屏幕的左上角，可显示 4 行汉字或字符。

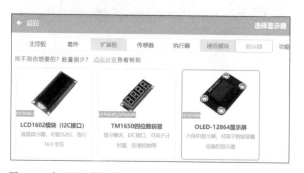

图15.6 在"显示器"选项卡中选择"OLED-12864显示屏"

（3）单击"扩展"，在"网络服务"选项卡中选择 "文字朗读""AI 图像识别"两个模块，如图 15.7 所示。

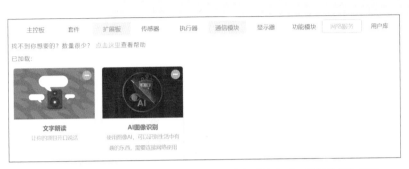

图15.7 在"网络服务"选项卡中添加"文字朗读"和"AI图像识别"模块

15.5 设置舞台背景及角色

（1）从本地文件夹中上传"山路背景"图片作为舞台背景。

（2）从本地文件夹中上传"悟空""唐僧""藏经箱"图片作为舞台上的角色。上传时注意"唐僧"和"藏经箱"角色有两个造型。将"藏经箱"大小设置为40。从系统角色库中选择"眼镜"角色，只保留第一个造型。调整角色在舞台上的位置，舞台背景及角色如图 15.8 所示。

图15.8 设置舞台背景及角色

（3）设置"藏经箱"角色的两个造型，其中"藏经箱 1"为箱门关闭时的状态，"藏经箱 2"为箱门打开时的状态，如图 15.9 所示。

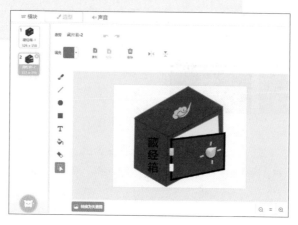

图15.9 "藏经箱"角色的两个造型

15.6 编写程序

1. 唐僧询问悟空

游戏开始时，OLED显示屏显示标题，语音朗读标题。唐僧询问完后，广播消息通知悟空回话，这里使用舞台显示和语音朗读的同步方式来展示说话内容，不加文字的"说"指令用来消除前面的文字显示，参考程序如图15.10所示。

图15.10 唐僧询问悟空的参考程序

2. 悟空回话

悟空接到唐僧发来的消息后开始回话，这里不加文字的"说"指令用来消除前面的文字显示，悟空说完后通过广播"尝试开箱"消息通知"藏经箱"角色，参考程序如图15.11 所示。

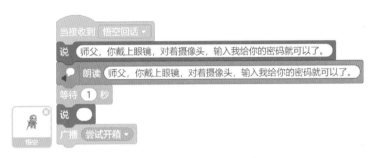

图15.11　悟空回话的参考程序

3. 生成密码

藏经箱的密码是由 3 个 1 ~ 9 之间的随机数组合而成的。生成密码时，先将随机密码隐藏，参考程序如图 15.12 所示。

图15.12　生成密码的参考程序

4. 尝试开箱

（1）"藏经箱"角色在接收到"尝试开箱"消息后，显示随机密码，提示用户输入密码。输入正确密码后，摄像头开启，进行人脸识别。如果识别成功，广播"戴眼镜"消息通知"眼镜"角色，蜂鸣器鸣响，LED 点亮，风扇旋转，舞台"藏经箱"角色切换为打开状态造型，

提示"开锁成功"。如果识别失败，则舞台"藏经箱"角色保持关闭状态造型，提示"开锁失败"，参考程序如图15.13所示。

图15.13　尝试开箱的参考程序

（2）初始化"藏经箱"角色。程序执行时，需初始化角色造型、关闭风扇和LED，参考程序如图15.14所示。

图15.14 初始化"藏经箱"角色的参考程序

5. 显示"眼镜"角色

程序开始时，眼镜移至唐僧脸部并隐藏，当收到"戴眼镜"消息时显示出来，参考程序如图 15.15 所示。

图15.15 显示"眼镜"角色的参考程序

15.7 拓展和提高

根据你现在的年龄，为程序再增加一个条件，只有满足你指定的年龄范围时，这个藏经箱才能被打开。如图 15.16 所示，除了开启摄像头获得人脸识别信息，还可以从本地文件中获取图片、从网址中获取图片来识别人脸信息，快来试一试吧！

图15.16 获取人脸识别信息的其他方式

第 16 章 悟空的听歌神器

16.1 故事情景

西天取经路途遥远，异常艰辛，有些荒无人烟的地方让唐僧感觉清冷孤寂。贴心的悟空给师父制作了一款遥控 MP3 播放器，只需按下遥控器上对应的功能按钮，师父就能轻松收听到经典的西游神曲，一扫疲惫啦！"悟空的听歌神器"效果如图 16.1 所示。

图16.1 "悟空的听歌神器"效果展示

16.2 任务要求

（1）OLED 显示屏显示本章主题"悟空的听歌神器"。

（2）语音播报悟空和师父的对话。

（3）按下遥控器左、右方向键切换上一首和下一首歌曲。

（4）按下遥控器上、下方向键分别增大音量和减小音量。

（5）当按下按键时蜂鸣器发声、黄色 LED 亮一次。

16.3　硬件清单

　　制作这个场景所需要的硬件分别是：接在 I²C 端口的 OLED 显示屏、接在数字引脚 2 的红外接收传感器、接在数字引脚 8 的蜂鸣器、接在数字引脚 10 的黄色 LED、接在数字引脚 12 的 MP3 播放器，如图 16.2 红色框所示。

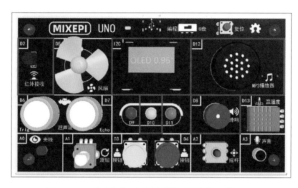

图16.2　"悟空的听歌神器"所需的硬件展示

16.4　选择主控板及添加扩展模块

　　（1）打开 Mind+ 软件，选择"实时模式"，如图 16.3 所示。单击"扩展"，在"主控板"选项卡中选择"Arduino Uno"，如图 16.4 所示，并选择相应的串口，连接好设备，如图 16.5 所示。

图16.3　选择"实时模式"

图16.4　在"主控板"选项卡中选择"Arduino Uno"

图16.5　选择连接设备

（2）单击"扩展"，在"显示器"选项卡中选择"OLED-12864显示屏"，如图16.6所示。OLED-12864显示屏的分辨率为128像素×64像素，坐标（0,0）位于屏幕的左上角，可显示4行汉字或字符。

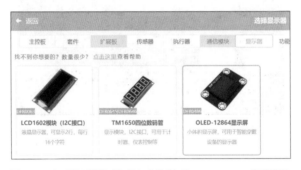

图16.6　在"显示器"选项卡中选择"OLED-12864显示屏"

（3）单击"扩展"，在"网络服务"选项卡中选择"文字朗读"模块，如图16.7所示。

图16.7　在"网络服务"选项卡中添加"文字朗读"模块

（4）单击"扩展"，在"执行器"选项卡中选择"DFPlayer MP3模块"，如图16.8所示。

图16.8　在"执行器"选项卡中添加"DFPlayer MP3模块"

16.5　设置舞台背景及角色

（1）从系统背景库中选择一张合适的图片作为舞台背景。

（2）从本地文件夹中上传"悟空""唐僧""耳机"图片作为舞台上的角色，上传时注意"唐僧"和"悟空"各有两个造型。从系统角色库中选择"Radio"角色（包含两个造型）。调整角色在舞台上的位置，如图 16.9 所示。

图16.9　设置舞台背景及角色

16.6 编写程序

1. 测试红外接收传感器

用图 16.10 所示的这段程序来测试，将遥控器对准西游实验箱上的红外接收传感器，按下遥控器对应按键，记录红外接收传感器的返回值（见表 16.1），其中"0x"开头的数表示返回的是十六进制数。不同型号的遥控器的返回值有可能是不一样的，实际使用时以测试的返回值为准。注意：第一次使用遥控器时，要先抽出防漏电保护塑料片。

图16.10　测试红外接收传感器

表 16.1　红外接收传感器相应按键的返回值

按键	播放	音量加	音量减	上一首	下一首
返回值	0xFFA857	0xFF02FD	0xFF9867	0xFFE01F	0xFF906F

2. 显示标题，唐僧询问悟空

OLED 显示屏显示标题，使用语音朗读功能，设置唐僧说话的噪音，在唐僧说完后通过广播"悟空回应"消息让悟空回应，参考程序如图 16.11 所示。

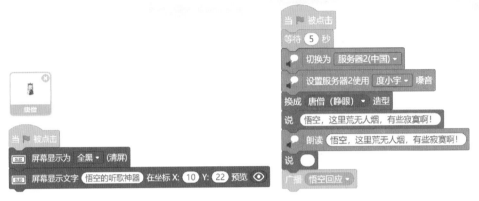

图16.11　唐僧询问悟空的参考程序

3．悟空回应唐僧

悟空收到唐僧发来的消息后开始回话。设置悟空的嗓音，便于和唐僧区分。悟空说完后广播"播放器出现"消息，通知"Radio"角色现身；广播"遥控器"消息，通知"Radio"角色读取红外接收传感器的返回值，参考程序如图 16.12 所示。

图16.12　悟空回应唐僧的参考程序

4．播放器出现

程序开始时"Radio"角色先隐藏，当接收到"播放器出现"消息时显示，参考程序如图 16.13 所示。

图16.13　播放器出现的参考程序

5. MP3播放音乐

　　"Radio"角色只有接收到"遥控器"消息时才能工作，读取红外接收传感器的返回值，播放音乐、调整音量、选择歌曲。添加自定义模块"按键触发"，设置遥控器按键触发的效果，蜂鸣器发出声音，黄色LED闪烁；收到"播放"消息时，"Radio"角色会变换造型，实现动态效果，参考程序如图16.14所示。

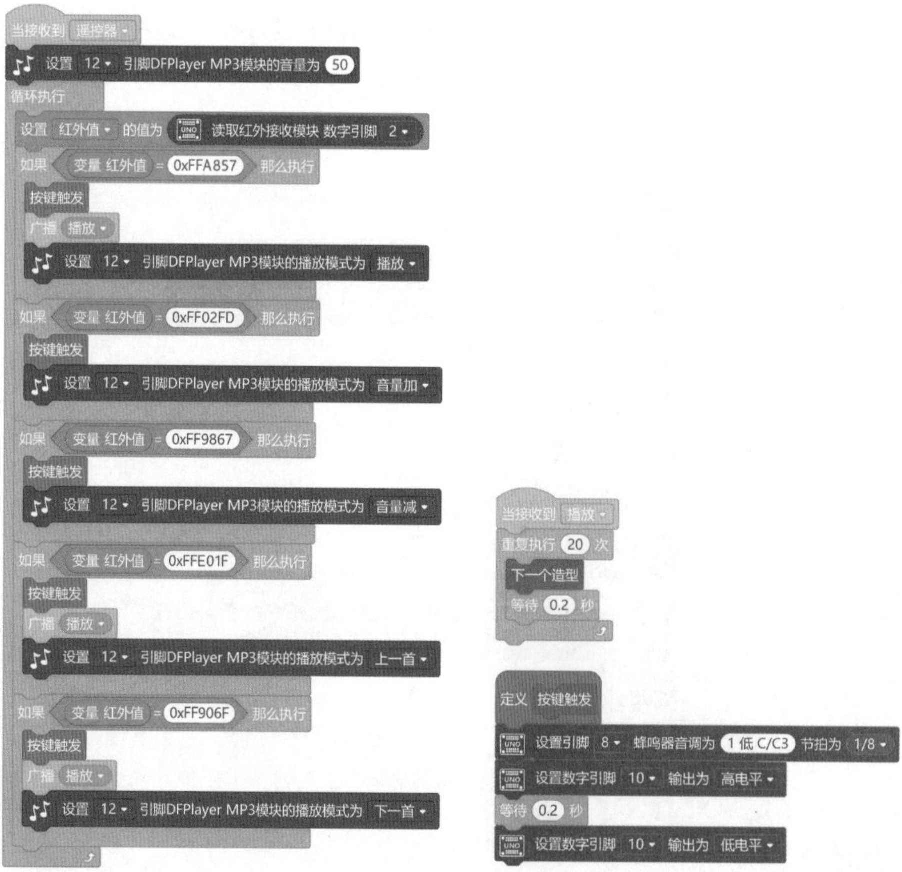

图16.14　MP3播放音乐的参考程序

6. 显示"耳机"角色

程序开始时"耳机"角色先隐藏，当接收到"播放"消息时出现，戴在唐僧的耳朵上，参考程序如图 16.15 所示。

图16.15 显示"耳机"角色的参考程序

7. 唐僧欣赏音乐

当开始播放音乐时，唐僧换成闭眼的造型，静静地享受，参考程序如图 16.16 所示。

图16.16 唐僧欣赏音乐的参考程序

16.7 拓展和提高

如表 16.2 所示，用遥控器上的其他按键，你还能做出什么有关 MP3 播放器的创意功能呢？快去尝试一下吧。

表 16.2 西游实验箱遥控器所有按键对应返回值

按键	返回值	按键	返回值	按键	返回值	按键	返回值
A	0xFFA25D	B	0xFF629D	C	0xFFE21D	D	0xFF22DD
E	0xFFC23D	F	0xFFB04F	上	0xFF02FD	下	0xFF9867
左	0xFFE01F	右	0xFF906F	中间 R	0xFFA857	0	0xFF6897
1	0xFF30CF	2	0xFF18E7	3	0xFF7A85	4	0xFF10EF
5	0xFF38C7	6	0xFF5AA5	7	0xFF42BD	8	0xFF4AB5
9	0xFF52AD						

第 17 章 悟空借扇

17.1 故事情景

唐僧师徒 4 人去西天取经，途经火焰山。想过火焰山，得找铁扇公主借芭蕉扇，对着火焰山扇 3 下，火焰就会熄灭。孙悟空翻了一个跟头，来到了翠云山，说明来意。铁扇公主举起芭蕉扇，朝孙悟空一扇，扇起一阵狂风，把孙悟空刮到天上去了。本章我们用西游实验箱上的声音传感器和风扇来模拟这一场景，如图 17.1 所示。

图17.1 "悟空借扇"效果展示

17.2 任务要求

（1）OLED 显示屏显示本章主题"悟空借扇"。

（2）设计铁扇公主与悟空对话，芭蕉扇现身。

（3）通过声音传感器检测声音强度，摇扇的速度与声音强度相关。

（4）当声音强度 >800 时，悟空翻滚离开；当声音强度在 501～800 之间时，悟空摇晃；当声音强度在 201～500 之间时，悟空说"使劲呀！"。

（5）当悟空翻滚离开时，开启风扇及红色 LED。2s。

17.3　硬件清单

制作这个场景所需要的硬件分别是：接在 I²C 端口的 OLED 显示屏、接在数字引脚 5 的风扇、接在数字引脚 9 的红色 LED、接在模拟引脚 3 的声音传感器，如图 17.2 红色框所示。

图17.2　"悟空借扇"所需的硬件展示

17.4　选择主控板及添加扩展模块

（1）打开 Mind+ 软件，选择"实时模式"，如图 17.3 所示。单击"扩展"，在"主控板"选项卡中选择"Arduino Uno"，如图 17.4 所示，并选择相应的串口，连接好设备，如图 17.5 所示。

图17.3　选择"实时模式"

图17.4　在"主控板"选项卡中选择"Arduino Uno"

图17.5 选择连接设备

（2）单击"扩展"，在"显示器"选项卡中选择"OLED-12864显示屏"，如图17.6所示。OLED-12864显示屏的分辨率为128像素×64像素，坐标（0,0）位于屏幕的左上角，可显示4行汉字或字符。

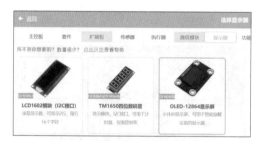

图17.6 在"显示器"选项卡中选择"OLED-12864显示屏"

17.5 设置舞台背景及角色

（1）从系统背景库中选择一张合适的图片作为舞台背景，舞台背景及角色如图17.7所示。

图17.7 舞台背景及角色

（2）从本地文件夹中上传"悟空"图片作为舞台上的角色。

（3）从系统角色库中选择"公主"角色，保留最后一个造型"公主-e"，并修改角色名称为"铁扇公主"，将其中心点设置在抬起的那只手上，如图 17.8 所示。

图17.8　设置"铁扇公主"角色及其中心点

（4）绘制角色右边界线，在"造型"中用线段工具绘制一条红色的竖线，作为悟空翻滚出边界的标志，如图 17.9 中左图所示。

（5）在矢量图模式下，用变形工具绘制出芭蕉扇，注意该造型的中心点要放置在扇子的根部，如图 17.9 中右图所示。

图17.9　右边界线及芭蕉扇角色

17.6　编写程序

1.测试声音传感器

用图 17.10 所示的这段程序进行声音传感器的测试，声音越高，数值越大。

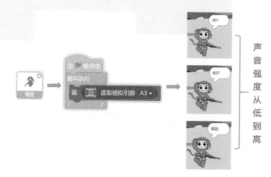

图17.10　测试声音传感器

2. OLED显示屏显示标题

在 OLED 显示屏中心显示"悟空借扇"4 个字，显示前需进行清屏，参考程序如图 17.11 所示。

图17.11　OLED显示屏显示标题的参考程序

3. 悟空和铁扇公主对话

悟空前来借扇，两人对话之后，铁扇公主广播"出扇"消息，通知芭蕉扇显示出来，参考程序如图 17.12 所示。

图17.12　悟空和铁扇公主对话的参考程序

4. 出扇

芭蕉扇初始状态大小为 0，放置在铁扇公主嘴巴处并隐藏。当接收到"出扇"消息后，从铁扇公主口中移到公主手中，逐渐变大，游戏提示"开始吹气，模拟风强度"，广播"吹"消息，通知芭蕉扇，参考程序如图 17.13 所示。

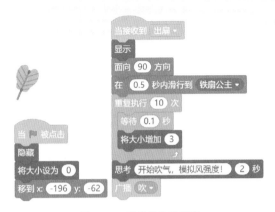

图17.13 出扇的参考程序

5. 吹气摇扇

（1）建立一个"风强度"变量，用来记录当芭蕉扇接收到"吹"消息后检测到的声音强度，并将读取的声音强度数值由一个范围映射到另一个范围，生成"扇子速度"变量，实现扇子摇速随声音强度变化而变化，参考程序如图 17.14 所示。

图17.14 检测声音强度的参考程序

（2）扇子左右旋转，产生摇动效果，用旋转角度的变化来实现转速的不同，方向30° ～ 120° 是芭蕉扇旋转的角度范围，参考程序如图 17.15 所示。

图17.15 吹气摇扇的参考程序

6. 悟空应对

当悟空接收到"吹"消息后，面对不同强度的大风，广播不同的消息，做出不同的反应，参考程序如图 17.16 所示。

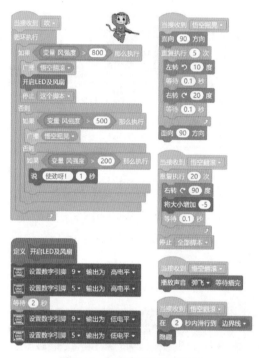

图17.16　悟空应对的参考程序

7. 隐藏边界线

隐藏边界线的参考程序如图 17.17 所示。

图17.17　隐藏边界线的参考程序

17.7　拓展和提高

孙悟空像断了线的风筝，飘了很久很久，掉在一座山上。这里住着好心的灵吉菩萨，他给了孙悟空一颗定风丹。继续去设计后续的故事情节吧！你还可以试着用 OLED 显示屏来显示故事的相关图片；试着用 3 个 LED 来警示不同强度的风，提醒悟空。

 第 18 章 勇闯迷窟

18.1 故事情景

唐僧师徒 4 人去西天取经，历经磨难，总有一些妖魔鬼怪挖空心思地想抓住唐僧。这天，又一个妖怪趁悟空外出化缘之际，将唐僧抓去藏在洞府之中。悟空得知师父被抓的消息后，马上赶去救师父，一不小心误入迷窟……"勇闯迷窟"效果如图 18.1 所示。

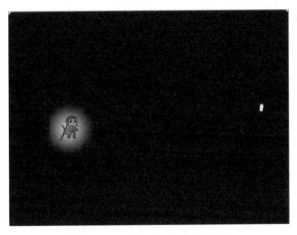

图18.1 "勇闯迷窟"效果展示

18.2 任务要求

（1）OLED 显示屏显示本章主题"勇闯迷窟"。

（2）使用摇杆控制悟空在迷窟中行走。

（3）悟空与唐僧的距离越近，蜂鸣器发出的声音越急促。

（4）悟空与唐僧相遇，黑色迷雾散开，声音停止。

18.3 硬件清单

制作这个场景所需要的硬件分别是：接在 I²C 端口的 OLED 显示屏、接在数字引脚 8 的蜂鸣器、接在模拟引脚 2 的摇杆，如图 18.2 红色框所示。

图18.2 "勇闯迷窟"所需的硬件展示

18.4 选择主控板及添加扩展模块

（1）打开 Mind+ 软件，选择"实时模式"，如图 18.3 所示。单击"扩展"，在"主控板"选项卡中选择"Arduino Uno"，如图 18.4 所示，并选择相应的串口，连接好设备，如图 18.5 所示。

图18.3 选择"实时模式"

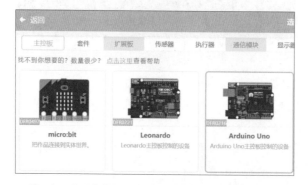

图18.4 在"主控板"选项卡中选择"Arduino Uno"

图18.5 选择连接设备

（2）单击"扩展"，在"显示器"选项卡中选择"OLED-12864 显示屏"，如图 18.6 所示。OLED-12864 显示屏的分辨率为 128 像素 ×64 像素，坐标（0,0）位于屏幕的左上角，可显示 4 行汉字或字符。

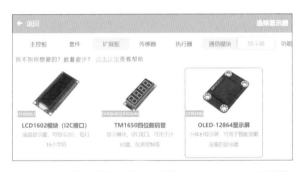

图18.6 在"显示器"选项卡中选择"OLED-12864显示屏"

18.5 设置舞台背景及角色

（1）分别从本地文件夹中上传"悟空""唐僧"图片作为舞台上的角色，"悟空"和"唐僧"各包含两个造型。

（2）绘制"迷雾"角色，注意是角色不是背景，如图 18.7 所示。

"迷雾"角色的绘制方法是：在矢量图模式下，绘制一个黑色的矩形，在其正中心抠出一个圆形，用半透明颜色进行填充，实现探照灯的效果。

图18.7 "迷雾"角色

（3）用矩形、线条、橡皮擦等工具绘制"迷宫"角色，注意是角色不是背景，如图18.8所示。

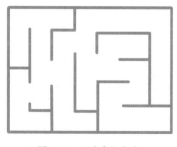

图18.8 "迷宫"角色

18.6 编写程序

1. 测试摇杆

当分别朝上、下、左、右推动摇杆及直接垂直按下摇杆时，摇杆会返回不同的数值，根据这些数值我们就可以控制角色了。编写图18.9所示的程序，可以得出不同操作状态下摇杆的返回值。由于存在摇杆输出电压精度问题，为了方便控制，对对应动作的电压进行范围识别，以消除个性差异。

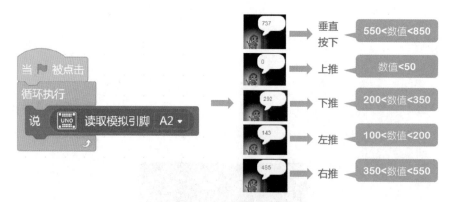

图18.9 测试摇杆

2. 初始化角色及OLED显示屏显示标题

初始化"悟空""唐僧""迷宫"角色。将屏幕显示指令编写在脚本较少的"迷宫"角色中，标题显示完毕后，广播"开始游戏"消息，参考程序如图18.10所示。注意：为了方便编写过程中的测试，可先将"迷雾"角色隐藏。

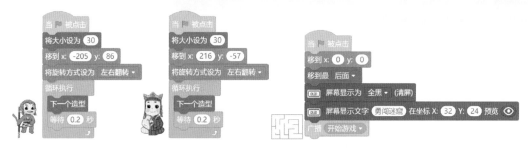

图18.10　初始化角色及OLED显示屏显示标题的参考程序

3. 通过摇杆控制悟空行走

当接收到"开始游戏"消息后，根据所读取的模拟引脚2的值，控制悟空上下左右行走，并不断进行碰撞检测，参考程序如图18.11所示。

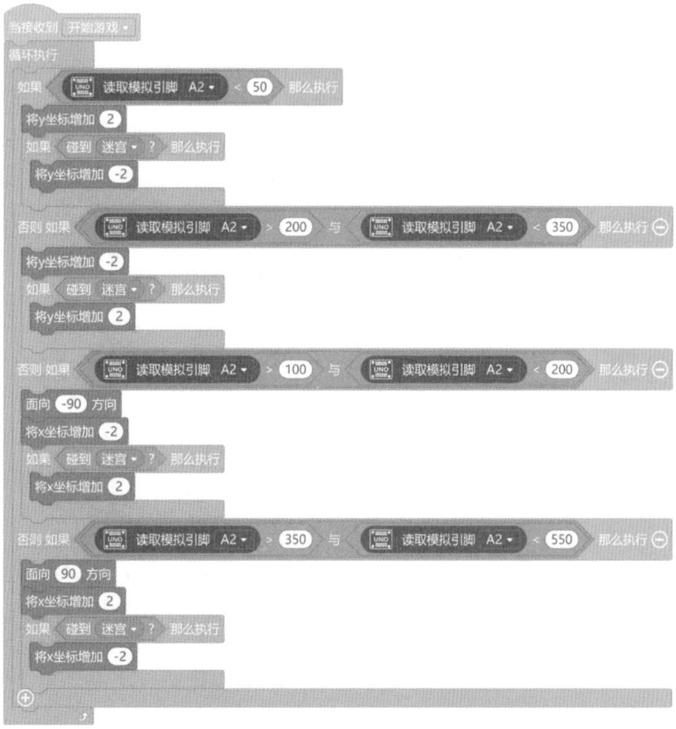

图18.11　通过摇杆控制悟空行走的参考程序

4. 雷达提示

当接收到"开始游戏"消息后，根据师徒二人的距离长短，给出声音提示，指引悟空寻找唐僧，参考程序如图18.12所示。

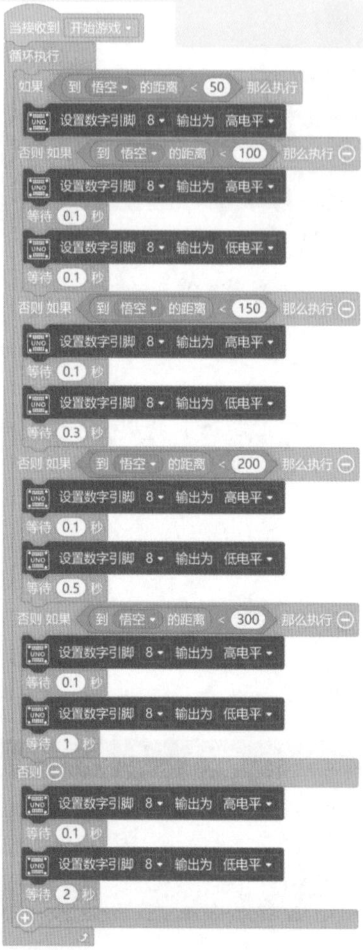

当接收到 开始游戏
循环执行
如果 到 悟空 的距离 < 50 那么执行
设置数字引脚 8 输出为 高电平
否则 如果 到 悟空 的距离 < 100 那么执行
设置数字引脚 8 输出为 高电平
等待 0.1 秒
设置数字引脚 8 输出为 低电平
等待 0.1 秒
否则 如果 到 悟空 的距离 < 150 那么执行
设置数字引脚 8 输出为 高电平
等待 0.1 秒
设置数字引脚 8 输出为 低电平
等待 0.3 秒
否则 如果 到 悟空 的距离 < 200 那么执行
设置数字引脚 8 输出为 高电平
等待 0.1 秒
设置数字引脚 8 输出为 低电平
等待 0.5 秒
否则 如果 到 悟空 的距离 < 300 那么执行
设置数字引脚 8 输出为 高电平
等待 0.1 秒
设置数字引脚 8 输出为 低电平
等待 1 秒
否则
设置数字引脚 8 输出为 高电平
等待 0.1 秒
设置数字引脚 8 输出为 低电平
等待 2 秒

图18.12 雷达提示的参考程序

5. 师徒相见

当悟空碰到唐僧后，广播“找到师父”消息。唐僧接收到“找到师父”消息后，蜂鸣器关闭，参考程序如图 18.13 所示。

当 被点击
等待直到 碰到 唐僧 ?
广播 找到师父
停止 该角色的其他脚本
说 师父，我来救你啦！ 2 秒
当接收到 找到师父
停止 该角色的其他脚本
设置数字引脚 8 输出为 低电平
等待 2.5 秒
说 悟空，为师终于等到你啦！ 2 秒

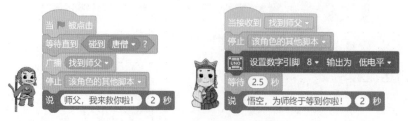

图18.13 师徒相见的参考程序

6. 设置迷雾

悟空身边只有一圈光亮可见，迷雾的设置为游戏增添一定的难度。游戏中迷雾始终跟随着悟空移动，当悟空找到师父后，迷雾才能渐渐消散，参考程序如图 18.14 所示。

由于 Mind+ 软件对角色的大小有限制，无法直接将原本满屏的"迷雾"角色扩大到 200 的大小，以满足悟空移动时迷雾能盖住整个迷宫的需求。这里为"迷雾"角色添加了一个"空"造型，什么也不绘制。先设置"空"角色造型大小为 200，再切换为"迷雾"造型，巧妙突破角色大小的限制。

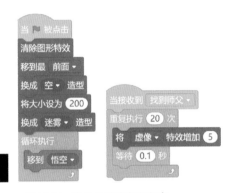

图18.14　设置迷雾的参考程序

18.7　拓展和提高

悟空找到唐僧后，迷窟出口显现了出来，隐藏在迷窟中的妖怪也出现了……请同学们设计完成后续的故事情节，进一步完善作品！你还能使用哪些硬件来增加作品的趣味性呢？

西游趣味造物记

 诗词大会

第 19 章 诗词大会

19.1 故事情景

西天取经路途漫漫，唐僧为了磨炼徒弟们的心性、增加他们的学识，在落脚歇息的时候经常教导徒弟们学诗念经。这天，唐僧为了了解徒弟们最近一段时间学习诗词的效果，组织了一个诗词大会，由唐僧说出诗句的上一句，徒弟们回答诗句的下一句。悟空他们跃跃欲试，都想在师父面前表现一番……"诗词大会"效果如图19.1所示。

图19.1 "诗词大会"效果展示

19.2 任务要求

（1）OLED 显示屏显示本章主题"诗词大会"。

（2）唐僧出题后，舞台接收游戏者输入的答案并判断答案是否正确。

（3）游戏者答题后，OLED 显示屏以卷轴方式显示题目及答案。

（4）答对题目亮绿灯，答错题目亮红灯。

19.3 硬件清单

制作这个场景所需要的硬件分别是：接在 I²C 端口的 OLED 显示屏、接在数字引脚 9 的红色 LED、接在数字引脚 11 的绿色 LED，如图 19.2 红色框所示。

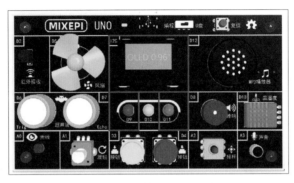

图19.2 "诗词大会"所需的硬件展示

19.4 选择主控板及添加扩展模块

（1）打开 Mind+ 软件，选择"实时模式"，如图 19.3 所示。单击"扩展"，在"主控板"选项卡中选择"Arduino Uno"，如图 19.4 所示，并选择相应的串口，连接好设备，如图 19.5 所示。

图19.3 选择"实时模式"

图19.4 在"主控板"选项卡中选择"Arduino Uno"

图19.5　选择连接设备

（2）单击"扩展"，在"显示器"选项卡中选择"OLED-12864显示屏"，如图19.6所示。OLED-12864显示屏的分辨率为128像素×64像素，坐标（0,0）位于屏幕的左上角，可显示4行汉字或字符。

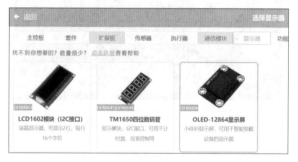

图19.6　在"显示器"选项卡中选择"OLED-12864显示屏"

19.5　设置舞台背景及角色

（1）从本地文件夹中上传"山路背景"图片作为舞台背景。

（2）通过背景编辑器，在舞台背景上绘制一个黑板，添加文字"诗词大会"，如图19.7所示。

图19.7　在舞台背景上绘制黑板

（3）从本地文件夹中添加"唐僧"图片作为舞台上的角色，上传"唐僧-1""唐僧-2"两个造型，舞台背景及角色如图 19.8 所示。

图19.8　"诗词大会"舞台背景及角色

19.6　编写程序

1.搭建主程序框架

根据比赛流程，搭建主程序框架，参考程序如图 19.9 所示。

（1）初始化角色位置、大小，切换角色造型。

（2）根据程序功能需要，创建"生成题库""出题""答题"3 个自定义模块。

（3）将 OLED 显示屏的显示控制脚本放在舞台背景中，使用"广播"进行消息传递。循环抽取题目进行答题，直到题库中题目数量为 0 时终止循环。

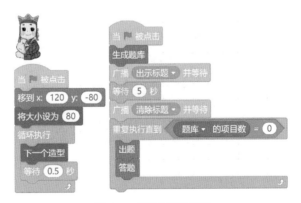

图19.9　搭建主程序框架

2. 定义"生成题库"模块

创建"题库"列表用于存放题目与答案。两行为一组，第一行为题目，第二行为答案，依次将题目和答案加入"题库"列表，参考程序如图 19.10 所示。

图19.10 "生成题库"模块的参考程序

3. 定义"出题"模块

新建"随机数""题目编号""答案编号""题目""答案"5个变量。根据"题库"列表中的题目组数，随机抽取一组题目，将该组题目和答案的对应编号计算出来，并存放到对应变量中。将题目和答案数据也保存在对应变量中。抽取完后，删除题库中已被抽取出的题目和答案，避免重复出题，参考程序如图 19.11 所示。

图19.11 "出题"模块的参考程序

4. 定义"答题"模块

通知 OLED 显示屏显示抽取到的题目,询问游戏者。游戏者回答后,通知 OLED 显示屏显示正确答案,并进行判断。如果回答正确,实验箱上绿灯亮起,舞台显示"恭喜你,答对了!";如果回答错误,实验箱上红灯亮起,舞台提示答题错误并显示正确答案。再判断答题是否结束,如果答题结束,OLED 显示屏显示"答题结束",停止全部脚本;否则,OLED 显示屏清除题目和答案。参考程序如图 19.12 所示。

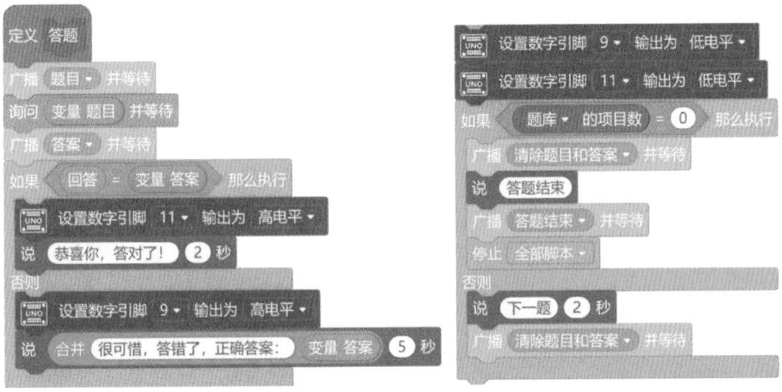

图19.12 "答题"模块的参考程序

5. OLED显示屏显示内容

程序执行中,需多次显示题目及答案,为方便调用,自定义了 3 个模块。

(1)自定义"画空卷轴"模块。OLED 显示屏大小为 128 像素 ×64 像素,绘制一个一行能容纳 7 个汉字,可显示两行文字的空卷轴,7 个汉字宽度为 16×7=112 像素,计算出组成卷轴的矩形和线条的起点坐标,在 OLED 显示屏上绘制出来,参考程序如图 19.13 所示。

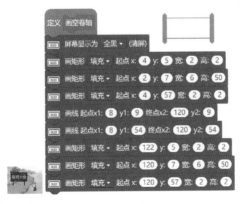

图19.13 "画空卷轴"模块的参考程序

（2）自定义"卷轴第X行显示文字"模块。根据"行"参数将文字显示在指定位置。如果行不等于1或2，则默认为居中显示单行标题文字。显示单行标题文字时，设置字与字之间有一个空格，如"诗 词 大 会"。一个汉字宽度＝两个空格宽度，标题总宽度为 16×4+8×3=88 像素，（128-88）÷2=20 像素，故计算得到标题文字 X 坐标为 20。参考程序如图 19.14 所示。

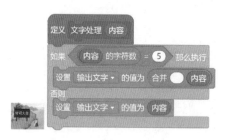

图19.14   "卷轴第X行显示文字"模块的参考程序

（3）自定义"文字处理"模块。题库中诗词由五言、七言诗句组成，为了确保五言诗句能在卷轴中居中显示，需要进行预处理，在五言诗句内容前增加两个空格进行补位，参考程序如图 19.15 所示。

图19.15   "文字处理"模块的参考程序

（4）OLED 显示屏显示内容。根据主程序中广播的消息需求来拼接模块，其中清除标题及诗句的方法就是用空格来覆盖原显示文字，注意清除标题时应输入11个空格（4个汉字加3个空格），清除诗句时应输入14个空格，参考程序如图 19.16 所示。

图19.16　OLED显示屏显示内容的参考程序

19.7　拓展和提高

　　尝试增加题库中的题目数量，丰富题库内容；增加答题统计功能，答题结束后，在 OLED 显示屏上显示答对和答错的题目数量。

第20章 悟空大战哪吒

20.1 故事情景

新任弼马温孙悟空，因嫌官小，打出天宫回到花果山。哪吒三太子奉玉帝旨意，前去捉拿孙悟空，这场打斗真是个地动山摇。看！三太子与悟空各骋神威，斗了个三十回合。那太子六般兵器，变作千千万万；孙悟空金箍棒，变作万万千千。半空中似雨点流星，不分胜负……本章我们一起借助西游实验箱，在 Mind+ 软件中模拟孙悟空和哪吒来一场决斗吧！"悟空大战哪吒"效果如图20.1所示。

图20.1 "悟空大战哪吒"效果展示

20.2 任务要求

（1）OLED 显示屏显示本章主题"悟空大战哪吒"。

（2）用键盘的上下方向键来控制哪吒上下移动，用西游实验箱上的旋钮来控制悟空上下移动。

（3）哪吒的武器为火轮儿，用空格键来控制发射，击中悟空则蜂鸣器发出高音，黄灯亮，悟空的生命值减少；悟空的武器为金箍棒，用西游实验箱上的按钮来控制发射，击中哪吒则蜂鸣器发出低音，红灯亮，哪吒的生命值减少。

（4）悟空和哪吒的初始生命值均为 30，任意一方生命值为 0 时，游戏结束。

20.3　硬件清单

制作这个场景所需的硬件分别是：接在 I²C 端口的 OLED 显示屏、接在模拟引脚 1 的旋钮、接在数字引脚 3 的黄色按钮、接在数字引脚 8 的蜂鸣器、接在数字引脚 9 的红色 LED、接在数字引脚 10 的黄色 LED，如图 20.2 红色框所示。

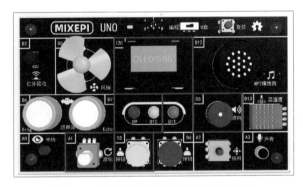

图20.2　"悟空大战哪吒"所需的硬件展示

20.4　选择主控板及添加扩展模块

（1）打开 Mind+ 软件，选择"实时模式"，如图 20.3 所示。单击"扩展"，在"主控板"选项卡中选择"Arduino Uno"，如图 20.4 所示，并选择相应的串口，连接好设备，如图 20.5 所示。

图20.3　选择"实时模式"

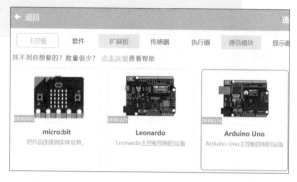

图20.4 在"主控板"选项卡中选择"Arduino Uno"

图20.5 选择连接设备

（2）单击"扩展"，在"显示器"选项卡中选择"OLED-12864显示屏"，如图20.6所示。OLED-12864显示屏的分辨率为128像素×64像素，坐标（0,0）位于屏幕的左上角，可显示4行汉字或字符。

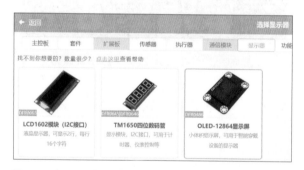

图20.6 在"显示器"选项卡中选择"OLED-12864显示屏"

20.5 设置舞台背景及角色

（1）从本地文件夹中分别上传6张背景图片作为舞台背景的造型，如图20.7所示。

图20.7 上传背景图片

（2）从本地文件夹中分别上传 "悟空" "哪吒" "金箍棒" "火轮儿" 4张图片作为舞台上的角色，如图 20.8 所示。

图20.8 上传舞台角色

20.6 编写程序

1. OLED显示屏显示标题

在显示标题前，我们需要对 OLED 显示屏进行清屏，然后在屏幕中心显示 "悟空大战哪吒" 6 个字，参考程序如图 20.9 所示。

图20.9　OLED显示屏显示标题的参考程序

2. 背景切换

等待 3~6s 后，随机切换 6 个背景造型，参考程序如图 20.10 所示。

图20.10　背景切换的参考程序

3. 用旋钮控制悟空上下移动

旋钮被顺时针旋转时，数值会逐渐变大；被逆时针旋转时，数值会逐渐变小。程序中通过旋钮在极短间隔时间的两个值的相减结果来控制"悟空"角色的 y 坐标，实现悟空的上下移动，参考程序如图 20.11 所示。

图20.11　用旋钮控制悟空上下移动的参考程序

4．用键盘控制哪吒上下移动

用键盘的上下方向键控制哪吒上下移动，参考程序如图 20.12 所示。

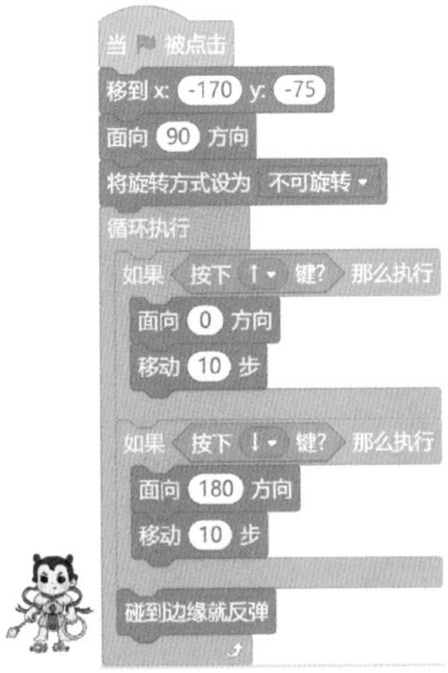

图20.12　用键盘控制哪吒上下移动的参考程序

5．发射金箍棒

当按下连接在数字引脚 3 的黄色按钮时，悟空发射金箍棒。当金箍棒碰到哪吒时，实验箱会亮灯、鸣响。这里用蜂鸣器音调指令块来控制连接在数字引脚 9 的红色 LED，可以直接设置亮灯时间，简化了脚本，参考程序如图 20.13 所示。

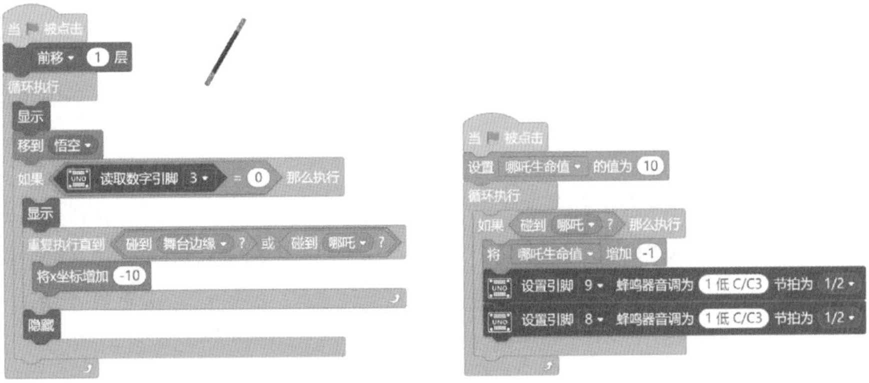

图20.13　发射金箍棒的参考程序

6．发射火轮儿

当按下空格键时，哪吒发射火轮儿。当火轮儿碰到悟空时，实验箱会亮灯、鸣响。

这里用蜂鸣器音调指令块来控制连接在数字引脚10的黄色LED，可以直接设置亮灯时间，简化了脚本，参考程序如图20.14所示。

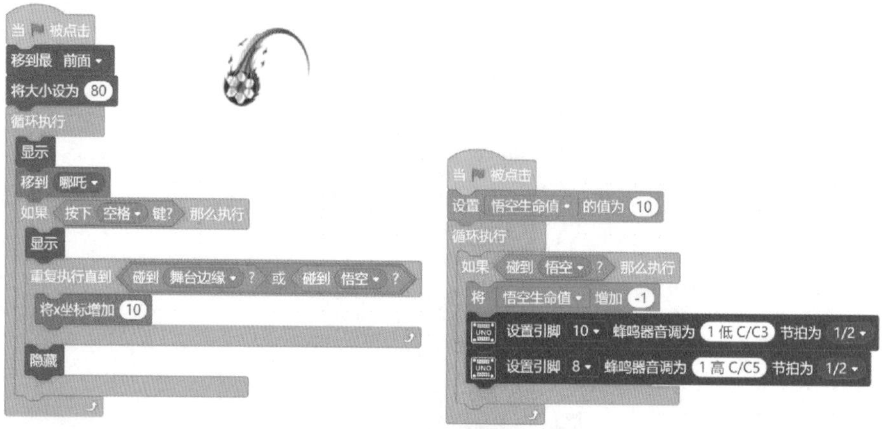

图20.14　发射火轮儿的参考程序

7. 判断游戏结束

游戏中，当哪吒或者悟空的生命值为0时，游戏结束，停止所有脚本，参考程序如图20.15所示。

图20.15　判断游戏结束的参考程序

20.7　拓展和提高

你可以尝试添加计时器，限定游戏时间；还可以尝试增加不同的武器或者技能，提升游戏难度。

第21章 误入盘丝洞

21.1 故事情景

一日，唐僧见大道不远处就有人家，坚持自己去化斋，不料误入盘丝洞。蜘蛛精们把唐僧困在一张大网上，不时地还有蝙蝠飞来飞去咬他。悟空在路边跳树攀枝，摘叶寻果，忽回头，只见一片光亮，知是师父遇着妖精，马上出去寻找，最终在盘丝洞中找到了被困的师父。悟空必须赶走蝙蝠，吹破蜘蛛网，才能救出师父。本章我们一起借助西游实验箱，在Mind+软件中模拟这一场景吧！"误入盘丝洞"效果如图21.1所示。

图21.1 "误入盘丝洞"效果展示

21.2 任务要求

（1）OLED显示屏显示本章主题"误入盘丝洞"。

（2）用摇杆控制悟空移动。

（3）若克隆出的蝙蝠碰到悟空，蝙蝠数量减少1个，黄色LED被点亮，蜂鸣器鸣响。

（4）当蝙蝠数量等于0且吹气值达到700时，蜘蛛网被吹破（切换背景），师父被成功解救。

21.3　硬件清单

制作这个场景所需要的硬件分别是：接在 I^2C 端口的 OLED 显示屏、接在模拟引脚2的摇杆、接在模拟引脚3的声音传感器、接在数字引脚8的蜂鸣器、接在数字引脚10的黄色 LED，如图21.2红色框所示。

图21.2　"误入盘丝洞"所需的硬件展示

21.4　选择主控板及添加扩展模块

（1）打开 Mind+ 软件，选择"实时模式"，如图21.3所示。单击"扩展"，在"主控板"选项卡中选择"Arduino Uno"，如图21.4所示，并选择相应的串口，连接好设备，如图21.5所示。

图21.3　选择"实时模式"

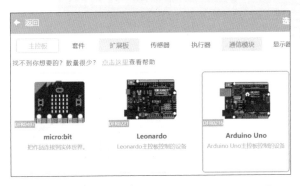

图21.4 在"主控板"选项卡中选择"Arduino Uno"

图21.5 选择连接设备

（2）单击"扩展"，在"显示器"选项卡中选择"OLED-12864显示屏"，如图21.6所示。OLED-12864显示屏的分辨率为128像素×64像素，坐标（0,0）位于屏幕的左上角，可显示4行汉字或字符。

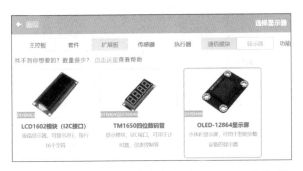

图21.6 在"显示器"选项卡中选择"OLED-12864显示屏"

21.5 设置舞台背景及角色

（1）从系统背景库中选择"丛林"图片作为舞台背景，复制"丛林"背景得到"丛林2"，在"丛林"背景图片中绘制蜘蛛网，如图 21.7 所示。

图21.7　设置背景的两个造型

（2）从本地文件中上传"唐僧"和"悟空"角色，注意"悟空"角色有两个造型，设置"唐僧"角色大小为60。

（3）从角色库中选择"Bat"作为蝙蝠角色，大小设为40，程序背景及角色如图21.8所示。

图21.8　设置舞台背景及角色

21.6　编写程序

1. OLED显示屏显示标题

先清屏，然后在屏幕中心显示"误入盘丝洞"5个字，参考程序如图21.9所示。

图21.9 OLED显示屏显示标题的参考程序

2. 克隆蝙蝠

新建变量"蝙蝠数量"，设置其初始值为 10。隐藏主体，克隆自己 10 次。当作为克隆体启动时，它们出现在舞台的任意位置，在舞台中飞来飞去，碰到边缘就反弹。如果在飞行过程中碰到悟空，黄色 LED 被点亮，蜂鸣器鸣响，蝙蝠数量减少 1 只，此克隆体被删除，参考程序如图 21.10 所示。

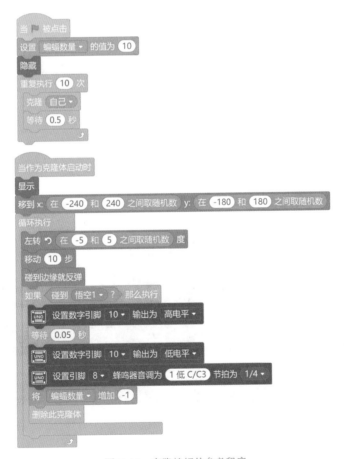

图21.10 克隆蝙蝠的参考程序

3. 测试摇杆

当分别向上、下、左、右推动摇杆及直接垂直按下摇杆时，摇杆会返回不同的数值，根据这些数值我们就可以控制角色了。编写图 21.11 所示的程序，可以得出不同操作状态下摇杆的返回值。由于存在摇杆输出电压精度问题，为了方便控制，对对应动作的电压进行范围识别，以消除个性差异。

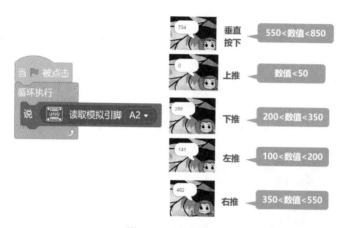

图21.11　测试摇杆

4. 用摇杆控制悟空移动

编写用摇杆控制悟空移动的程序，参考程序如图 21.12 所示。

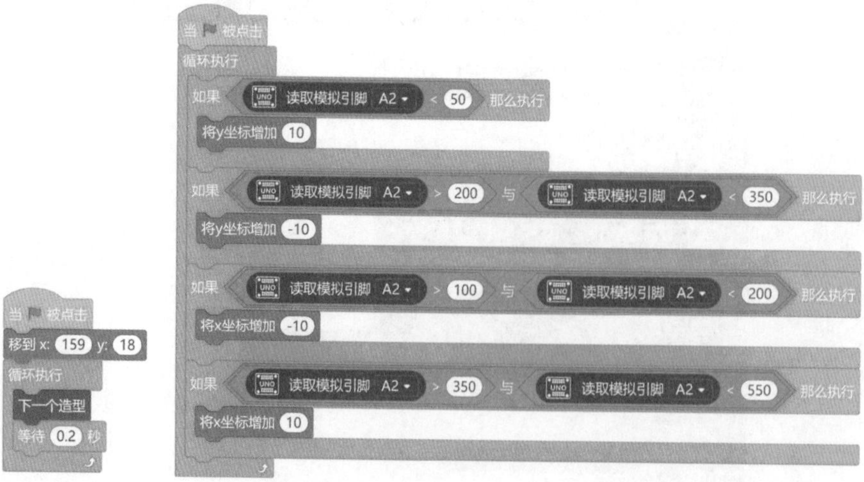

图21.12　用摇杆控制悟空移动的参考程序

5. 解救师父

新建变量"吹气值"来读取声音传感器的返回值。当满足变量"吹气值"的值大于700且变量"蝙蝠数量"的值等于 0 时，切换背景为"丛林 2"，悟空成功救出师父，参考程序如图 21.13 所示。

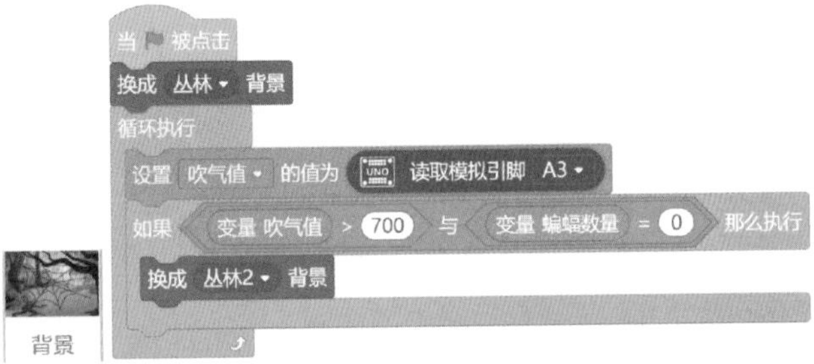

图21.13　解救师父的参考程序

21.7　拓展和提高

你可以尝试给作品添加计时器，并设置更多的蝙蝠，在一定的时间内消灭蝙蝠才能救出师父。

 第 22 章 悟空大战二郎神

22.1　故事情景

　　悟空大闹蟠桃会，搅得众神仙鸡犬不宁。玉帝派出了天兵天将捉拿悟空，哪知竟然都不是这只皮猴子的对手。观音菩萨举荐二郎神，二郎神与悟空两人斗了三百多回合不分胜负。悟空忽见本营中小猴惊散，自觉心慌，使起了七十二变，撤身而走。二郎神岂能让他逃走，亦以七十二变应对。本章我们一起借助西游实验箱，在 Mind+ 软件中再现这一有趣的场景吧！"悟空大战二郎神"效果如图 22.1 所示。

图22.1　"悟空大战二郎神"效果展示

22.2　任务要求

　　（1）OLED 显示屏先显示本章主题"悟空大战二郎神"，我们将显示屏全清屏后，显示屏显示"悟空 VS 二郎神"的图片。

（2）通过调控光照强度，控制悟空、二郎神在舞台中的出场。当光线比较弱时，角色渐渐隐藏；当光线比较强时，角色渐渐出现。

（3）通过声音控制悟空、二郎神施展变身术，每次变身过程会伴随西游实验箱上蜂鸣器发出的"滴"声和黄色 LED 的亮灭变化。直到舞台上出现真、假二郎神对立时，停止变身术。

（4）二郎神天眼放出金光，让假二郎神现出原形——悟空，悟空说出"今日不见分晓，待明日再战！"并转身离去。

22.3 硬件清单

制作这个场景所需要的硬件分别是：接在 I²C 端口的 OLED 显示屏、接在模拟引脚 0 的光线传感器、接在模拟引脚 3 的声音传感器、接在数字引脚 8 的蜂鸣器、接在数字引脚 10 的黄色 LED，如图 22.2 红色框所示。

图22.2 "悟空大战二郎神"所需的硬件展示

22.4 选择主控板及添加扩展模块

（1）打开 Mind+ 软件，选择"实时模式"，如图 22.3 所示。单击"扩展"，在"主控板"选项卡中选择"Arduino Uno"，如图 22.4 所示，并选择相应的串口，连接好设备，如图 22.5 所示。

实时模式 | 上传模式

图22.3 选择"实时模式"

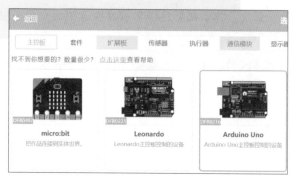

图22.4 在"主控板"选项卡中选择"Arduino Uno"

图22.5 选择连接设备

（2）单击"扩展"，在"显示器"选项卡中选择"OLED-12864显示屏"，如图22.6所示。OLED-12864显示屏的分辨率为128像素×64像素，坐标（0,0）位于屏幕的左上角，可显示4行汉字或字符。

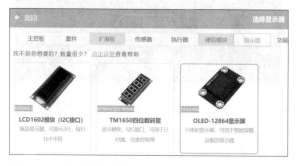

图22.6 在"显示器"选项卡中选择"OLED-12864显示屏"

22.5 设置舞台背景及角色

（1）从本地文件夹中上传"山路背景"图片作为舞台背景。

（2）根据游戏设计，从本地文件夹中上传或从系统角色库中选择"悟空""二郎神""说明文字"角色的多个造型。上传时注意造型顺序，手动调整角色中多个造型的大小，根据故事情节需求，水平翻转造型，调整造型至面对面状态。

① "悟空" 角色造型图片顺序如图 22.7 所示。

图22.7 "悟空" 角色造型顺序

② "二郎神" 角色造型图片顺序如图 22.8 所示。

图22.8 "二郎神" 角色造型顺序

③ "说明文字" 角色造型图片顺序如图 22.9 所示。

图22.9 "说明文字" 角色造型顺序

（3）从本地文件中上传 "光芒" 角色，所有背景及角色如图 22.10 所示。

图22.10 舞台背景及角色

22.6 编写程序

1. 测试光线传感器

编写图 22.11 所示的程序，测试光线传感器，测试数值会与当前环境光有关。

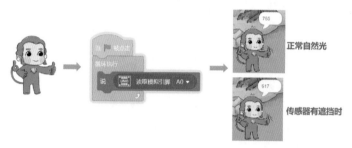

图22.11　测试光线传感器

2. 测试声音传感器

编写图 22.12 所示的程序，测试声音传感器。

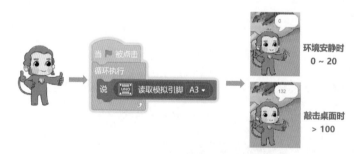

图22.12　测试声音传感器

3. OLED显示屏显示标题

先清屏，然后在屏幕中心显示"悟空大战二郎神"7 个字。等待 1s 后，再次清屏，显示屏显示图片，显示画面及参考程序如图 22.13 所示。

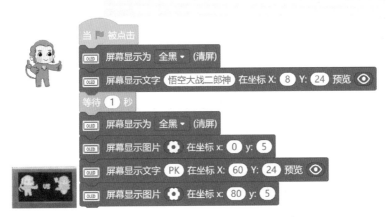

图22.13 OLED显示屏显示标题的参考程序

4．角色出场

（1）悟空出场。将"悟空"角色初始化，通过光线传感器控制悟空渐隐或渐现，参考程序如图 22.14 所示。

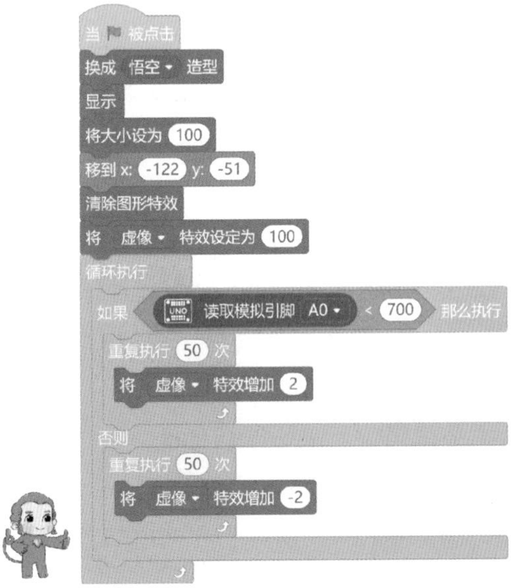

图22.14 悟空出场的参考程序

（2）二郎神出场。将"二郎神"角色初始化，通过光线传感器控制二郎神渐隐或渐现，参考程序如图 22.15 所示。

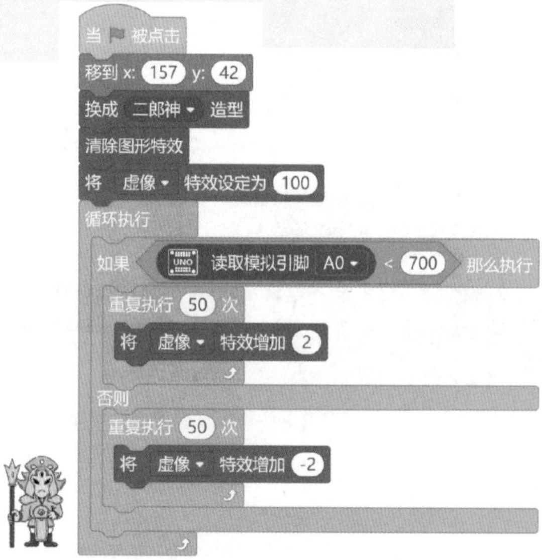

图22.15 二郎神出场的参考程序

5．角色变身

通过声音控制"悟空"和"二郎神"角色依次施展变身术，并对每次变身加以文字说明，每次变身伴随着蜂鸣声和黄色LED的亮灭。

（1）悟空变身。

①新建变量"数字"，设置其初始值为1，用来记录变身的序号。

②如果读取声音传感器的返回值大于100，则开始判断谁来变身。如果变量"数字"为奇数，悟空变身；否则广播"二郎神变身"消息，通知二郎神变身。

③在两个角色变身的同时，广播"说明"消息，通知"文字说明"角色，切换造型，提示两个角色的变身说明，并将变量"数字"的值增加1。

④当悟空变成二郎神模样时，悟空停止变身，通知二郎神现真身，参考程序如图22.16所示。

图22.16　悟空变身的参考程序

（2）二郎神变身。当二郎神接收到"二郎神变身"消息时，伴随着蜂鸣声和黄色LED的亮灭，切换造型开始变身。当二郎神接收到"二郎神真身"消息后，二郎神变回真身，呵斥悟空"哪里逃！"并广播"还原"消息，通知"光芒"角色照向悟空，参考程序如图 22.17 所示。

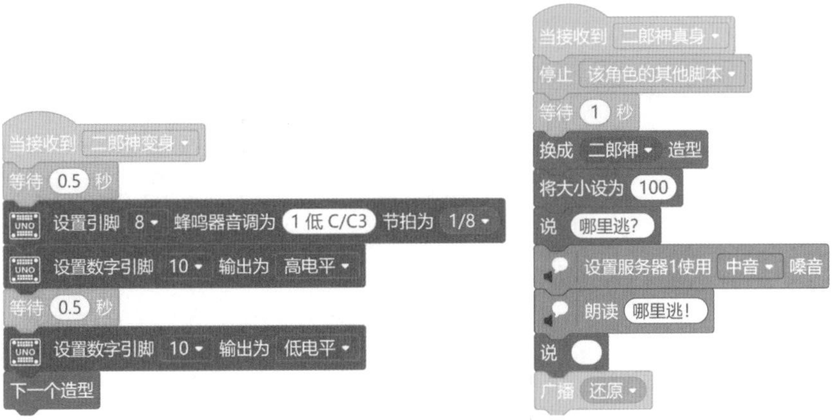

图22.17　二郎神变身的参考程序

（3）切换说明文字提示。建立一个变量"编号"，设置其初始值为1。"文字说明"角色开始时隐藏，当接收到"说明"消息后，切换成当前编号的造型，并显示出来，将变量"编号"的值加1。如果变量"编号"的值大于13，则变身结束，隐藏说明文字，参考程序如图22.18所示。

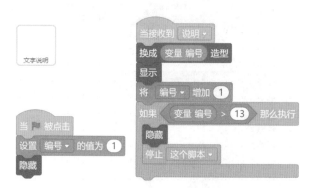

图22.18　切换说明文字提示的参考程序

6. 发射光芒

"光芒"角色的初始化状态为隐藏，当接收到"还原"消息后，对着悟空方向逐渐变大变亮，照向悟空让他现出真身，参考程序如图22.19所示。

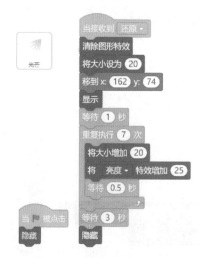

图22.19　发射光芒的参考程序

7. 悟空现原形

当接收到"还原"消息时，等待一定时间，让光芒照射到"假二郎神"身上后，悟空渐渐现出原形，说"今日不见分晓，待明日再战！"并逃离，参考程序如图22.20所示。

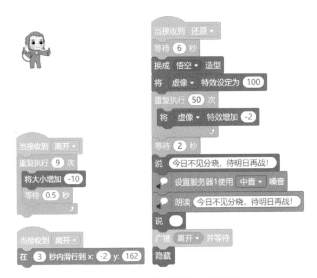

图22.20 悟空现原形的参考程序

22.7 拓展和提高

操控悟空变身的办法很多，可以尝试使用西游实验箱上的两个按钮来控制悟空切换造型。《西游记》中，悟空与二郎神的变身大战还有更精彩的场景，试着用Mind+软件表现出来吧！

第23章 芝麻开门

23.1 故事情景

"芝麻开门"是阿拉伯民间故事集《一千零一夜》里《阿里巴巴和四十大盗》的一句开山洞门的咒语。在智能时代，悟空要进天宫，也需要口令。和"芝麻开门"咒语不同的是，进入天宫的口令不是一成不变的，而是动态的，是随机组合而成的。一起去看看悟空是怎样进入天宫的。"芝麻开门"效果如图23.1所示。

图23.1 "芝麻开门"效果展示

23.2 任务要求

（1）OLED 显示屏显示本章主题"芝麻开门"。

（2）将"齐天大圣"4个字随机排序，生成动态密码。

（3）用按钮控制悟空左右翻滚移动，用声音传感器控制悟空上移。如果碰到屏幕底部，则游戏结束。

（4）按悟空碰触文字按钮的顺序，生成输入密码。

（5）如果输入密码＝动态密码，则"钥匙"出现，OLED 显示屏显示"钥匙"图片，绿灯闪烁，蜂鸣器响；如果输入密码与动态密码不同，则 OLED 显示屏显示"密码错误"，红灯闪烁，蜂鸣器响。

23.3 硬件清单

制作这个场景所需要的硬件分别是：接在 I²C 端口的 OLED 显示屏、接在模拟引脚 3 的声音传感器、接在数字引脚 8 的蜂鸣器、接在数字引脚 3 和 4 的黄色和蓝色按钮、接在数字引脚 9 和 11 的红色和绿色 LED，如图 23.2 红色框所示。

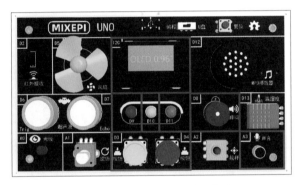

图23.2 "芝麻开门"所需的硬件展示

23.4 选择主控板及添加扩展模块

（1）打开 Mind+ 软件，选择"实时模式"，如图 23.3 所示。单击"扩展"，在"主控板"选项卡中选择"Arduino Uno"，如图 23.4 所示，并选择相应的串口，连接好设备，如图 23.5 所示。

图23.3 选择"实时模式"

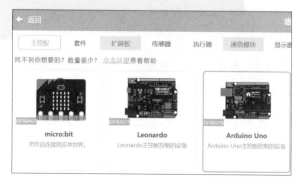

图23.4　在"主控板"选项卡中选择"Arduino Uno"

图23.5　选择连接设备

（2）单击"扩展"，在"显示器"选项卡中选择"OLED-12864显示屏"，如图23.6所示。OLED-12864显示屏的分辨率为128像素×64像素，坐标（0,0）位于屏幕的左上角，可显示4行汉字或字符。

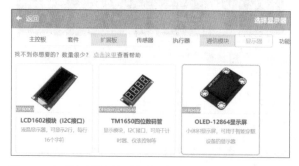

图23.6　在"显示器"选项卡中选择"OLED-12864显示屏"

23.5　设置舞台背景及角色

（1）从本地文件夹中上传"天宫"图片作为舞台背景。

（2）从本地文件夹中上传"悟空"图片作为舞台上的角色，注意有两个造型。在矢量图模式下，绘制一个白色的椭圆，将其复制多次，组合成一片云朵，并放置在最后面。将绘制好的云朵复制给悟空的下一个造型，完成悟空脚踏云朵的造型，如图23.7所示。

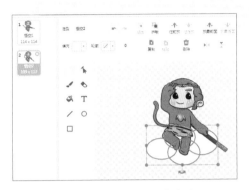

图23.7　悟空脚踏云朵的造型

（3）从系统角色库中导入"圆形按钮"，为其添加文字，即可生成文字按钮。复制已完成的文字按钮，将填充色和文字内容加以修改，可快速生成其余3个文字按钮，如图 23.8 所示。

图23.8　4个文字按钮角色

（4）从系统角色库中导入"钥匙"角色。新建一个角色"线"，绘制一条红色的线条，作为屏幕底部的界线。舞台背景及角色如图 23.9 所示。

图23.9　舞台背景及角色

23.6 编写程序

1. 测试按钮

编写图 23.10 所示的程序，检测按钮在不同状态下的返回值。

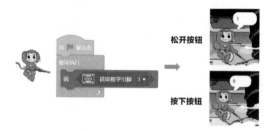

图23.10 测试按钮

2. 测试声音传感器

编写图 23.11 所示的程序，测试声音传感器。

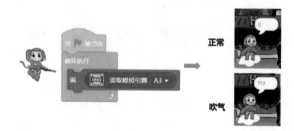

图23.11 测试声音传感器

3. 初始化角色

（1）将"齐""天""大""圣"4个文字按钮初始化，设置其位置及大小，参考程序如图 23.12 所示。

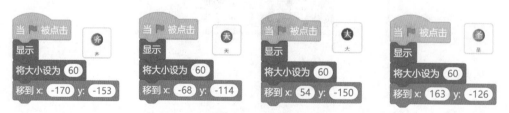

图23.12 将文字按钮初始化的参考程序

（2）将"悟空""钥匙""线"角色初始化，参考程序如图23.13所示。

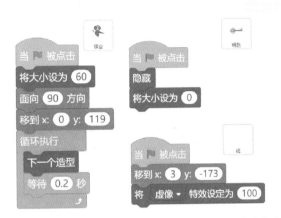

图23.13 将"悟空""钥匙""线"角色初始化的参考程序

4. OLED显示屏显示标题

对背景进行虚像处理，以便更好地突出角色；LED初始化状态为熄灭；将OLED显示屏初始化并显示标题，参考程序如图23.14所示。

图23.14 OLED显示屏显示标题的参考程序

5. 生成动态密码

（1）定义"生成动态密码"模块。建立一个列表"密码字表"，将"齐""天""大""圣"4个字分别存入列表中；建立一个变量"列表序号"，随机获取列表序号值；新建一个变量"动态密码"，将随机从列表中读取的字符合并至"动态密码"中，并删除已读取的字符，避免重复读取，参考程序如图23.15所示。

图23.15 "生成动态密码"模块的参考程序

（2）生成动态密码。将自定义的"生成动态密码"模块放入图 23.14 所示的屏幕显示脚本，首先需清空动态密码和输入密码，避免再次进行游戏时，字符叠加。由于列表操作需要一定时间，生成密码后，广播"开始游戏"消息，参考程序如图 23.16 所示。

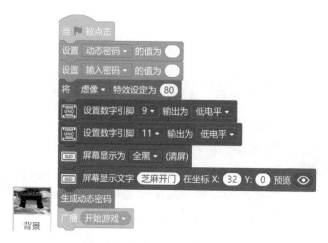

图23.16 生成动态密码的参考程序

6. 控制悟空

游戏开始时，悟空不断下落，玩家要通过声音传感器控制悟空上升。按下连接在数字引脚 3 的按钮，悟空向左移动翻滚；按下连接在数字引脚 4 的按钮，悟空向右移动翻滚。如果悟空碰触到屏幕底部的"线"，游戏失败，参考程序如图 23.17 所示。

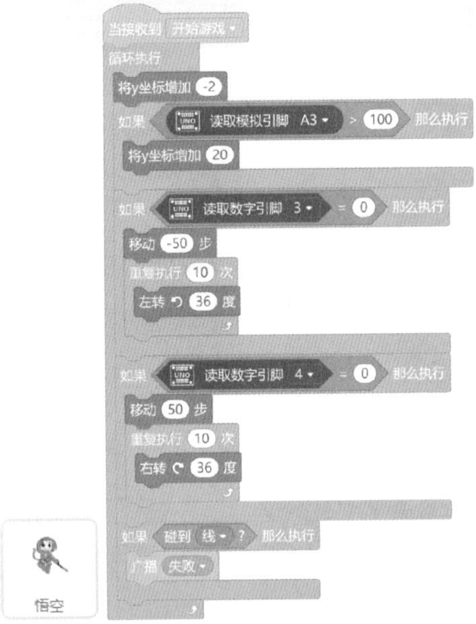

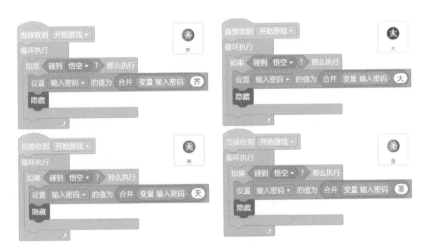

图23.17 控制悟空的参考程序

7. 输入密码

开始游戏后，如果悟空碰触到相关文字按钮，则将该按钮对应字符合并至变量"输入密码"中，并将该文字按钮隐藏，参考程序如图23.18所示。

图23.18 输入密码的参考程序

8. 判断密码

当变量"输入密码"的字符数等于4时，开始对比判断。如果密码相符，广播"开门"

消息；否则广播"失败"消息，参考程序如图 23.19 所示。

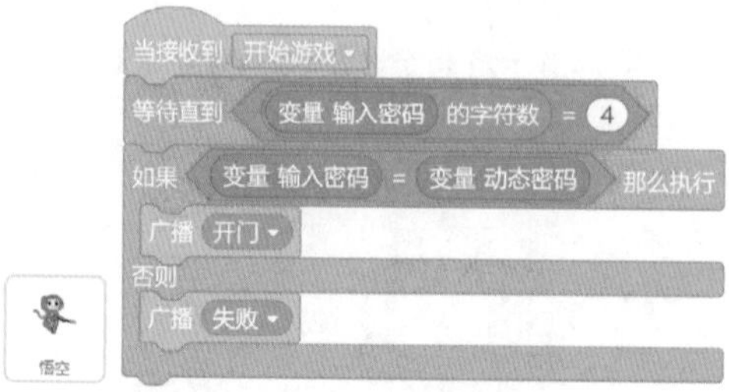

图23.19　判断密码的参考程序

9. 开门

接收到"开门"消息时，OLED 显示屏显示"钥匙"图片，绿灯闪烁，蜂鸣器响。舞台上"钥匙"角色出现，逐渐变大并变换颜色特效，参考程序如图 23.20 所示。

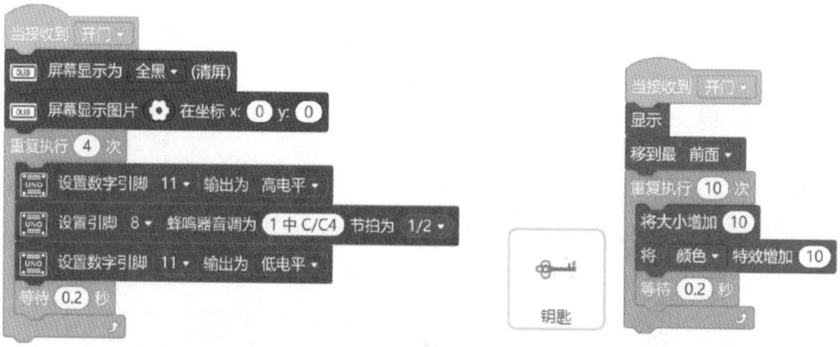

图23.20　开门的参考程序

10. 失败

（1）当接收到"失败"消息后，OLED 显示屏显示"密码错误"文字提示，红灯闪烁，蜂鸣器响，参考程序如图 23.21 所示。

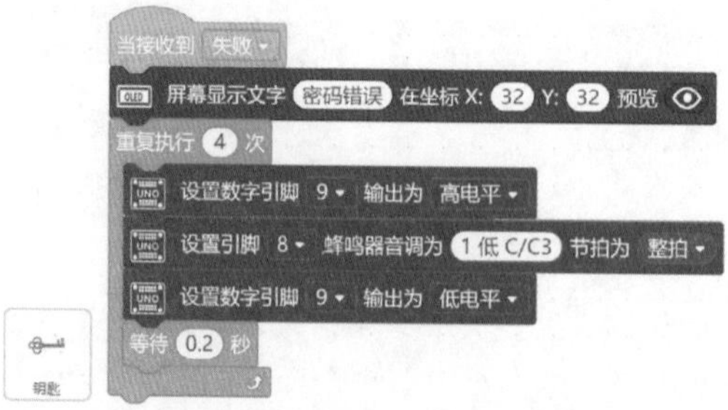

图23.21　失败的参考程序

（2）注意：当悟空接收到"开门"或"失败"消息后，应停止该角色的其他脚本。避免悟空继续下落，碰到底部，产生错误信息，参考程序如图 23.22 所示。

图23.22　停止悟空角色其他脚本的参考程序

23.7　拓展和提高

悟空在获取密码的同时，还要躲避一些不明飞行物，试着增加一些难度，让这个游戏更有挑战性！你还有什么好的想法，快来试一试！

第24章 悟空采药

24.1 故事情景

一场突如其来的疫情让花果山的小猴子们惊恐万分，焦虑不已。悟空得知了这一情况，求助于观音菩萨。在观音菩萨的指点下，悟空回到花果山上寻找防疫草药，和伙伴们一起抗击疫情，共渡难关。"悟空采药"效果如图 24.1 所示。

猴儿们，面对疫情，不要恐慌，做好个人防护最重要。

图24.1 "悟空采药"效果展示

24.2 任务要求

（1）OLED 显示屏显示本章主题"悟空采药"和"悟空"图片、游戏操作说明。

（2）游戏开始后，金箍棒在悟空手上转动。玩家按下黄色按钮发射金箍棒，金箍棒碰到屏幕边缘或草药停止运动；按下蓝色按钮收回金箍棒。

（3）当草药被金箍棒碰到且蓝色按钮被按下时，草药移到药筐中。根据采摘草药的顺序，在 OLED 显示屏上显示提示文字。

（4）当舞台上所有的草药都被采摘完后，舞台上展示游戏成功提示。

24.3　硬件清单

制作这个场景所需的硬件分别是：接在 I²C 端口的 OLED 显示屏、接在模拟引脚 3 的声音传感器、接在数字引脚 3 和 4 的黄色和蓝色按钮，如图 24.2 红色框所示。

图24.2　"悟空采药"所需的硬件展示

24.4　选择主控板及添加扩展模块

（1）打开 Mind+ 软件，选择"实时模式"，如图 24.3 所示。单击"扩展"，在"主控板"选项卡中选择"Arduino Uno"，如图 24.4 所示，并选择相应的串口，连接好设备，如图 24.5 所示。

图24.3　选择"实时模式"

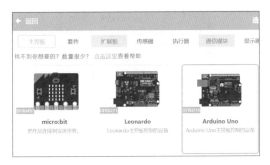

图24.4　在"主控板"选项卡中选择"Arduino Uno"

图24.5　选择连接设备

（2）单击"扩展"，在"显示器"选项卡中选择"OLED-12864显示屏"，如图
24.6所示。OLED-12864显示屏的分辨率为128像素×64像素，坐标（0,0）位于屏幕的
左上角，可显示4行汉字或字符。

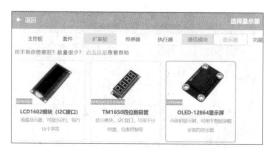

图24.6　在"显示器"选项卡中选择"OLED-12864显示屏"

24.5　设置舞台背景及角色

（1）从本地文件夹中上传"花果山"图片作为舞台背景。

（2）从本地文件夹中上传"悟空""金箍棒""药篮"3张图片作为舞台上的角色，
舞台背景及角色如图24.7所示。注意：设置"金箍棒"的中心点在其右端，可以实现金
箍棒绕这个端点转动；设置"悟空"的中心点在其手掌处，可以实现游戏中金箍棒移至
悟空手掌处的效果，如图24.8所示。

图24.7　舞台背景及角色

图24.8 "悟空"及"金箍棒"角色中心点设置

（3）从本地文件夹中分别上传6种"花草"图片作为草药角色，设置中心点在其根部。在矢量图模式下，给每个草药角色添加带防疫文字的造型。可以复制一份文字，将其粘贴至其他角色造型中，再进行修改，以保证文字的大小一致，如图24.9所示。

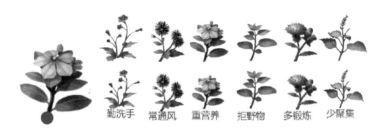

图24.9 草药角色

（4）创建"提示"角色，输入游戏结束后的提示文字，如图24.10所示。

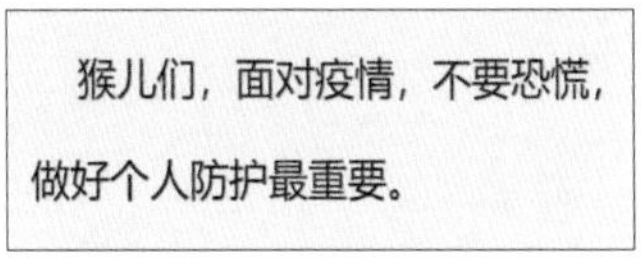

猴儿们，面对疫情，不要恐慌，
做好个人防护最重要。

图24.10 "提示"角色

24.6 编写程序

1. 初始化角色

初始化"悟空""金箍棒""筐"和6个草药角色，参考程序如图24.11所示，其余草药角色的初始化程序与"花草1"类似，请根据需要自行设置草药在花果山的位置。

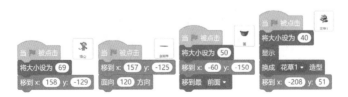

图24.11 初始化角色的参考程序

2. 显示标题及游戏说明

游戏开始后，先清屏，显示屏显示"悟空"图片及标题文字。等待 3s 后，清屏，显示屏显示游戏操作说明。检测声音强度，广播"开始采药"消息，开始游戏并清屏，参考程序如图 24.12 所示。

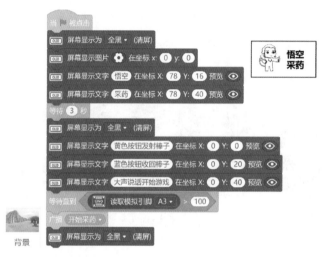

图24.12　显示标题及游戏说明的参考程序

3. 控制金箍棒

（1）转动金箍棒。接收到"开始采药"消息后，金箍棒在悟空手中绕端点在一定角度范围内转动，参考程序如图 24.13 所示。

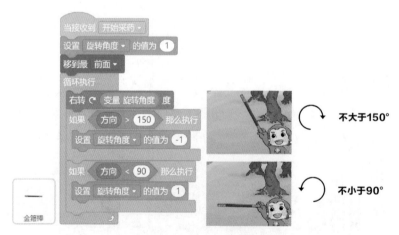

图24.13　转动金箍棒的参考程序

（2）发射金箍棒。接收到"开始采药"消息后，如果按下连接在数字引脚3的按钮，且金箍棒在悟空手上，那么设置金箍棒的转动角度为0，即停止转动，并设置金箍棒的移动步数。金箍棒不断移动，直到碰到舞台边缘或者连接在数字引脚4的按钮被按下。在移动的过程中，如果碰到草药，则设置移动步数为0，停止前进，广播"采摘花草"消息。这里巧妙地使用变量来控制角色运动，参考程序如图24.14所示。

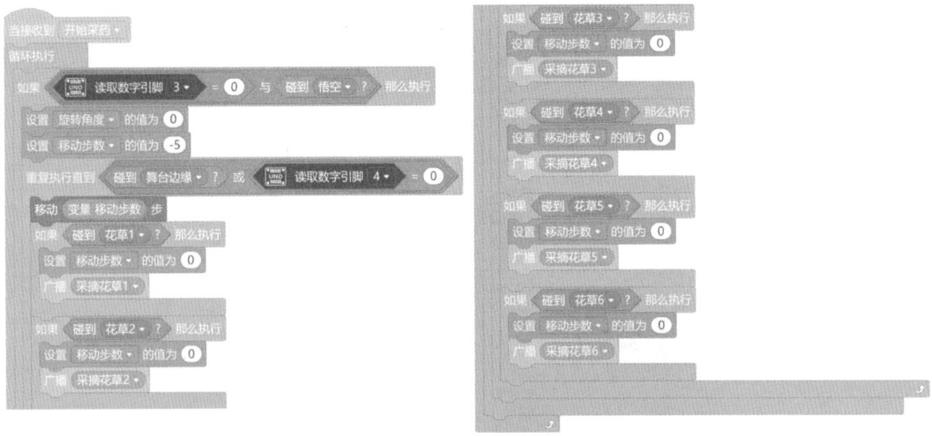

图24.14　发射金箍棒的参考程序

（3）收回金箍棒。当按下连接在数字引脚4的按钮，且金箍棒不在悟空手上时，金箍棒将停止前进，在1s内滑行到悟空手上，重新开始转动。这里同样也巧妙使用了变量来控制角色转动，参考程序如图24.15所示。

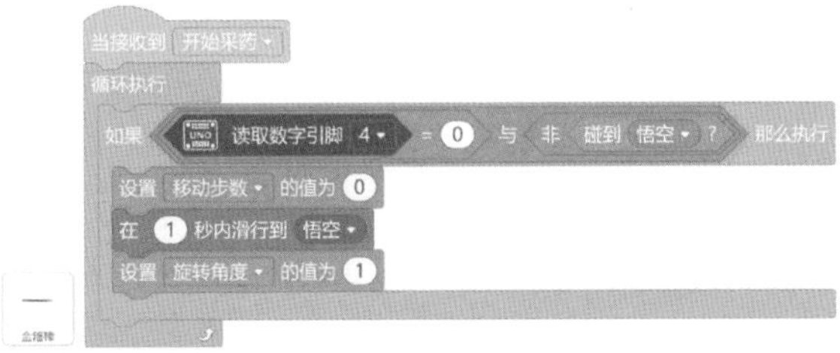

图24.15　收回金箍棒的参考程序

4. 采摘草药

当接收到"采摘花草"消息后，对应的草药角色将被换成带提示文字的造型，滑向药筐。添加一个变量"采药序号"，用来记录采摘草药的序号，根据序号计算屏幕显示位置。6个草药角色脚本类似，参考程序如图24.16所示。

图24.16 采摘草药的参考程序

5. 游戏结束

当采摘完6棵草药后,金箍棒停止转动。播放声音,广播"采药结束"消息。接收到"采药结束"消息后,游戏成功提示语逐渐变大出现,参考程序如图24.17所示。

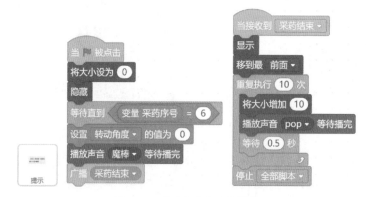

图24.17 游戏结束的参考程序

24.7 拓展和提高

当悟空用金箍棒每采到一棵草药时,让西游实验箱上的黄色LED闪烁一次。你还有什么好的想法,快来试一试!

第25章 打蜘蛛

25.1 故事情景

在西天取经途中，一次唐僧独自化斋时，在一间茅屋里碰到了蜘蛛精。蜘蛛精们听说唐僧肉有长生不老的作用，于是用蜘蛛网把唐僧网住了。悟空的手上有了一件新的兵器，对付蜘蛛精不在话下。来一起看看悟空的新兵器吧！"打蜘蛛"效果如图25.1所示。

图25.1 "打蜘蛛"效果展示

25.2 任务要求

（1）初始化 LED，OLED 显示屏显示本章主题"打蜘蛛"及打中的蜘蛛数量。

（2）舞台上随机出现红色、黄色、绿色的蜘蛛，西游实验箱上亮起与之同色的LED。

（3）遥控器上的1、2、3键分别控制西游实验箱上连接数字引脚9、10、11的LED。

（4）在蜘蛛出现后的 1s 内，如果按键正确则表示打中蜘蛛，蜂鸣器发出高音提示并计数；如果按键错误，则蜂鸣器发出低音提示。

（5）若蜘蛛出现超过 1s，将蜘蛛隐藏并灭灯。

25.3　硬件清单

制作这个场景所需的硬件分别是：接在 I²C 端口的 OLED 显示屏、接在数字引脚 2 的红外接收传感器、接在数字引脚 8 的蜂鸣器、接在数字引脚 9 ~ 11 的 3 个 LED，如图 25.2 红色框所示。

图25.2　"打蜘蛛"所需的硬件展示

25.4　选择主控板及添加扩展模块

（1）打开 Mind+ 软件，选择"实时模式"，如图 25.3 所示。单击"扩展"，在"主控板"选项卡中选择"Arduino Uno"，如图 25.4 所示，并选择相应的串口，连接好设备，如图 25.5 所示。

图25.3　选择"实时模式"

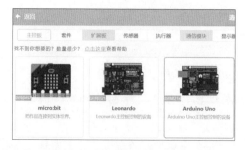

图25.4　在"主控板"选项卡中选择"Arduino Uno"

图25.5　选择连接设备

（2）单击"扩展"，在"显示器"选项卡中选择"OLED–12864显示屏"，如图25.6所示。OLED–12864 显示屏的分辨率为 128 像素 ×64 像素，坐标（0,0）位于屏幕的左上角，可显示 4 行汉字或字符。

图25.6　在"显示器"选项卡中选择"OLED–12864显示屏"

25.5　设置舞台背景及角色

（1）从系统背景库中选择一张合适的背景图片作为舞台背景。

（2）从本地文件夹中上传"红蜘蛛""黄蜘蛛""绿蜘蛛"图片作为舞台上的角色，如图 25.7 所示。

图25.7　舞台背景及角色

25.6 编写程序

1. 测试红外接收传感器

参考图 25.8 所示的程序，按下遥控器对应按键，测试红外接收传感器的返回值。

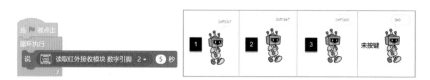

图25.8　测试红外接收传感器

2. 初始化角色

初始化"红蜘蛛""黄蜘蛛""绿蜘蛛"3 个角色，设置其大小及位置，蜘蛛们在游戏开始时隐藏，参考程序如图 25.9 所示。

图25.9　初始化角色的参考程序

3. OLED显示屏显示标题及打中蜘蛛数

新建变量"打中蜘蛛"，初始值置空。自定义"屏幕显示及 LED 初始化"模块，分两行显示标题及打中蜘蛛数，参考程序如图 25.10 所示。

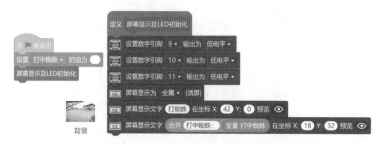

图25.10　OLED显示屏显示标题及打中蜘蛛数的参考程序

4. 蜘蛛现身亮灯

新建变量"随机数"，生成 1～3 的随机数，根据产生的随机数广播不同消息，提醒相应颜色的蜘蛛现身。这里使用"广播××并等待"指令，等到接收消息的程序执行完后，才能继续向下执行。相应蜘蛛在接收到各自的消息时，显示在舞台上，同时西游实验箱上亮起对应颜色的灯，参考程序如图 25.11 所示。

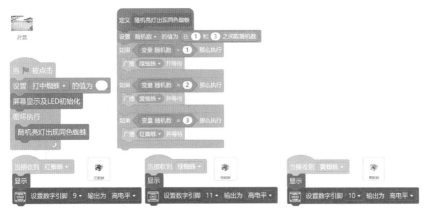

图25.11　蜘蛛现身亮灯的参考程序

5．打蜘蛛

分别定义 3 个自定义模块，判断不同颜色的蜘蛛是否被打中，将自定义模块拖放到相应颜色蜘蛛现身亮灯的程序后，参考程序如图 25.12 所示。

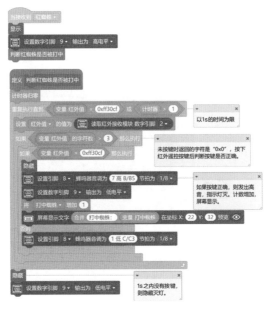

图25.12　打蜘蛛的参考程序（上）

图25.12　打蜘蛛的参考程序（下）

6. 测试完善

测试程序后，发现如下问题：当出现和上一个蜘蛛相同颜色的蜘蛛时，变量"红外值"未变化，造成蜘蛛已被打中的判断错误，出现闪退。为避免这种情况，在"随机亮灯出现同色蜘蛛"自定义模块中，添加设置变量"红外值"的值为空的指令，参考程序如图25.13所示。

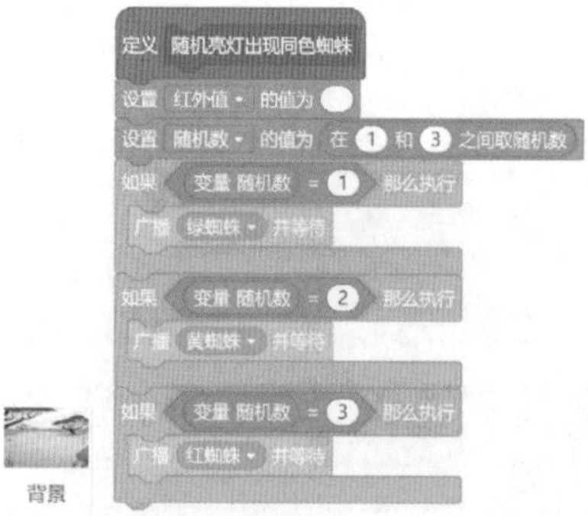

图25.13　测试完善的参考程序

25.7　拓展和提高

你还可以试着实现统计"打中蜘蛛"和"逃走蜘蛛"的数量；试着实现打中不同数量的蜘蛛时，蜘蛛出现速度加快，逐步提升游戏难度。你还有什么好的想法，快来试一试！

第 26 章 悟空钓鱼

26.1 故事情景

在西天取经的路上，悟空得到了一件新宝贝——捕鱼神器。一路上，悟空向当地老百姓传授技能，帮助了不少穷苦的人们。一起来看看悟空的新宝贝吧！"悟空钓鱼"效果如图 26.1 所示。

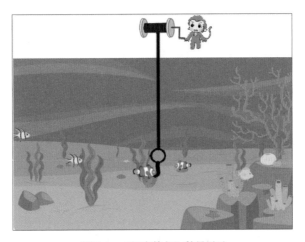

图26.1 "悟空钓鱼"效果展示

26.2 任务要求

（1）初始化角色，OLED 显示屏显示标题。

（2）读取旋钮的值，映射鱼钩移动距离。

（3）用画笔画出鱼钩移动路线，模拟钓鱼线。

（4）克隆产生鱼儿，鱼儿自由移动。

（5）如果鱼儿碰到鱼钩，鱼嘴面向鱼钩且鱼钩上没有鱼，则钓鱼成功。如果钓鱼成功，则红灯亮、蜂鸣器响、OLED 显示屏同步显示钓鱼数量。

26.3 硬件清单

制作这个场景所需要的硬件分别是：接在 I²C 端口的 OLED 显示屏、接在数字引脚 8 的蜂鸣器、接在数字引脚 9 的红色 LED、接在模拟引脚 1 的旋钮，如图 26.2 红色框所示。

图26.2 "悟空钓鱼"所需的硬件展示

26.4 选择主控板及添加扩展模块

（1）打开 Mind+ 软件，选择"实时模式"，如图 26.3 所示。单击"扩展"，在"主控板"选项卡中选择"Arduino Uno"，如图 26.4 所示，并选择相应的串口，连接好设备，如图 26.5 所示。

图26.3 选择"实时模式"

图26.4 在"主控板"选项卡中选择"Arduino Uno"

图26.5 选择连接设备

（2）单击"扩展"，在"显示器"选项卡中选择"OLED-12864显示屏"，如图26.6所示。OLED-12864显示屏的分辨率为128像素×64像素，坐标（0,0）位于屏幕的左上角，可显示4行汉字或字符。

图26.6 在"显示器"选项卡中选择"OLED-12864显示屏"

（3）单击"扩展"，在"功能模块"选项卡中添加"画笔"，如图26.7所示。

图26.7 在"功能模块"选项卡中添加"画笔"

26.5 设置舞台背景及角色

（1）从系统背景库中选择"海底世界1"图片作为舞台背景。在背景编辑器中，选择工具适当缩小背景高度，便于在"海面"上放置其他角色，如图26.8所示。

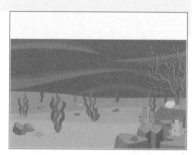

图26.8 设置舞台背景

（2）从本地文件夹中上传"悟空""鱼钩""辘轳"图片作为角色。注意"辘轳"角色有两个造型。设置"鱼钩"角色的中心点在圆环左侧，如图 26.9 所示。

图26.9 设置"鱼钩"角色中心点

（3）从系统角色库中上传"鱼"角色，一共有 4 个造型。

（4）绘制一个空造型，取名"画笔"，用来画出钓鱼线。舞台背景及角色如图 26.10 所示。

图26.10 舞台背景及角色

26.6 编写程序

1. 测试旋钮

参考图 26.11 所示的程序，测试旋钮的返回值。

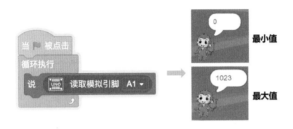

图26.11 测试旋钮

2. 初始化角色及OLED显示屏显示标题

初始化"辘轳""鱼钩""悟空"3 个角色，设置其大小及位置，切换造型，添加 OLED 显示屏显示标题的程序，参考程序如图 26.12 所示。

图26.12 初始化角色及OLED显示屏显示标题的参考程序

3. 鱼钩移动

设计思路：旋钮值为最小值 0 时，鱼钩在起始点辘轳处；旋钮值为最大值 1023 时，鱼钩在海底。根据旋钮值来确定鱼钩的移动距离，推算出鱼钩的位置，实现鱼钩随旋钮转动而上下移动。

例如：鱼钩起始处的 y 坐标为 150，鱼钩到达海底的 y 坐标为 −140，如图 26.13 所示，可以推算出鱼钩的最大移动距离为 150+140=290。将旋钮值映射至鱼钩的移动距离范围内，再根据移动距离推算出鱼钩在舞台上的 y 坐标，参考程序如图 26.14 所示。

图26.13　鱼钩最高及最低处的y坐标

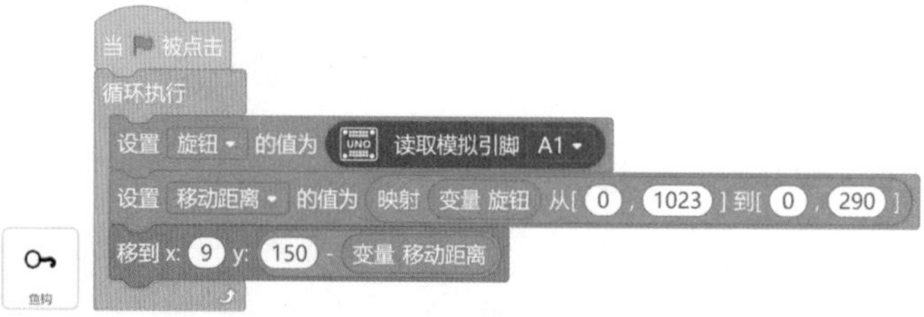

图26.14　鱼钩随旋钮转动而上下移动的参考程序

4．辘轳转动

根据获取的旋钮值，来完善辘轳转动的脚本。当旋钮旋至两端时，将辘轳换成"辘轳（下）"的造型，停止转动，参考程序如图26.15所示。

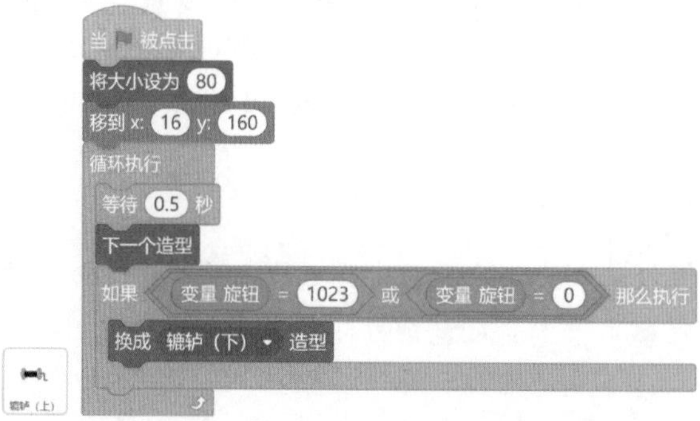

图26.15　辘轳转动的参考程序

5．绘制钓鱼线

在"画笔"角色的脚本中，先初始化画笔，设置画笔的颜色及粗细。重复执行擦除、绘制从起点到鱼钩处的线条，实现钓鱼线不断跟随鱼钩伸缩的效果，参考程序如图26.16所示。

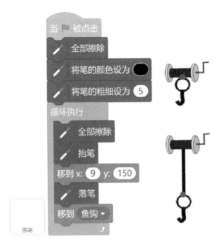

图26.16 绘制钓鱼线的参考程序

6. 鱼儿游动

通过克隆生成多条鱼，添加变量"方向"，设置分别从舞台左右不断移动的鱼儿的方向。注意：每一条克隆的鱼儿都有自己的方向，在建立变量"方向"时，应选择"仅适用于当前角色"，即建立一个私有变量，参考程序如图26.17所示。

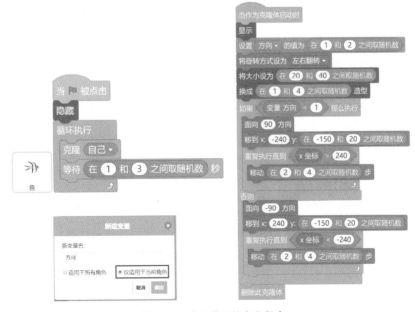

图26.17 鱼儿游动的参考程序

7. 钓鱼判断

（1）新建变量"是否有鱼"来判断鱼钩状态，0 表示无鱼，1 表示有鱼，初始设置鱼钩处于无鱼状态。新建变量"鱼"，用来统计钓到鱼的数量，参考程序如图 26.18 所示。

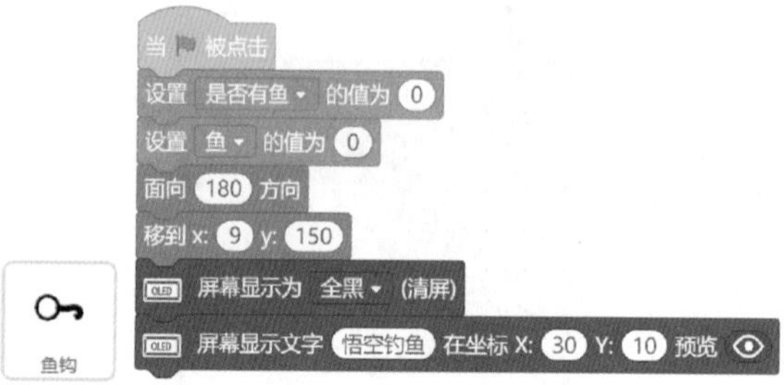

图26.18　新建相关变量的参考程序

（2）当满足鱼碰到鱼钩、鱼嘴面向鱼钩、鱼钩上没有鱼这 3 个条件时，将变量"鱼"增加 1，广播"鱼上钩"消息，通知西游实验箱的红色 LED 闪烁、蜂鸣器鸣响、OLED 显示屏在标题下方同步显示钓鱼数量。设置变量"是否有鱼"为 1，使鱼钩处于有鱼状态，不能再钓起其他鱼。钓到的鱼会跟随鱼钩移动，由于"鱼钩"角色的中心点在圆环左侧，需不断测试调整鱼儿随鱼钩移动时的 x 和 y 坐标。钓起的鱼儿到达一定高度后，将变量"是否有鱼"设置为 0，使鱼钩处于无鱼状态，并删除克隆体。参考程序如图 26.19 所示。

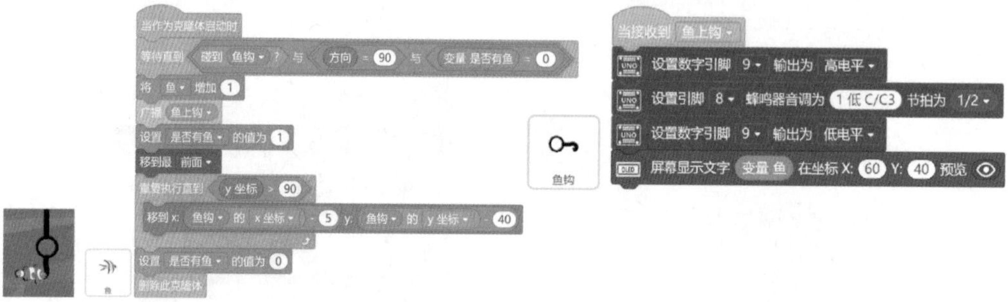

图26.19　钓鱼判断的参考程序

26.7　拓展和提高

改编程序，当钓到鱼的数量满足一定要求时，提高鱼儿游动速度。设置一个按键，用来调整鱼钩的方向，从而钓起其余方向的鱼。你还有什么好的想法，快来试一试！

第27章 西游小剧场

27.1 故事情景

古典名著《西游记》吸引着、影响着一代又一代的人们，以西游为主题的电影、电视剧、动画片等作品让西游在不同时代，以更丰富的形式，继续演绎着精彩故事。本章让我们一起走进"西游小剧场"，去欣赏屏幕上那精彩纷呈的瞬间！"西游小剧场"效果如图27.1所示。

图27.1 "西游小剧场"效果展示

27.2 任务要求

（1）初始化角色，OLED 显示屏显示标题。

（2）转动旋钮控制旋杆面向的方向。

（3）当旋杆指向某个挡位时，广播该挡位对应的节目名并播放节目。

27.3 硬件清单

制作这个场景所需要的硬件分别是：接在 I²C 端口的 OLED 显示屏、接在模拟引脚 1 的旋钮，如图 27.2 红色框所示。

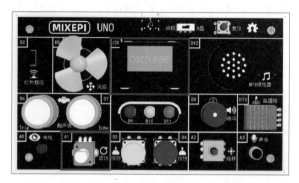

图27.2 "西游小剧场"所需的硬件展示

27.4 选择主控板及添加扩展模块

（1）打开 Mind+ 软件，选择"实时模式"，如图 27.3 所示。单击"扩展"，在"主控板"选项卡中选择"Arduino Uno"，如图 27.4 所示，并选择相应的串口，连接好设备，如图 27.5 所示。

图27.3 选择"实时模式"

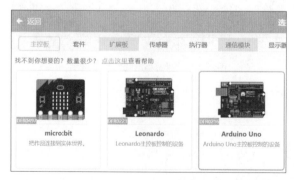

图27.4 在"主控板"选项卡中选择"Arduino Uno"

图27.5　选择连接设备

（2）单击"扩展"，在"显示器"选项卡中选择"OLED-12864显示屏"，如图27.6所示。OLED-12864显示屏的分辨率为128像素×64像素，坐标（0,0）位于屏幕的左上角，可显示4行汉字或字符。

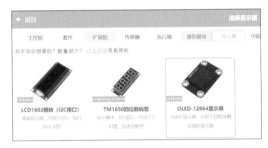

图27.6　在"显示器"选项卡中选择"OLED-12864显示屏"

27.5　设置舞台背景及角色

（1）从本地文件夹中上传"经典西游""动画西游""改编西游"3个主题角色，每个主题角色包含10张造型图片。

（2）绘制"电视""旋杆""片头"3个角色，如图27.7所示，舞台背景及角色如图27.8所示。

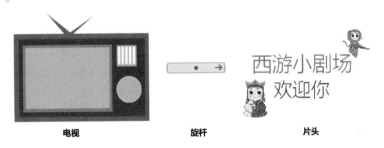

电视　　　　　　　　　旋杆　　　　　　　片头

图27.7　绘制角色

图27.8　舞台背景及角色

27.6　编写程序

1. 测试旋钮

参考图 27.9 所示的程序，测试旋钮的返回值，最小值为 0，最大值为 1023。

图27.9　测试旋钮

2. 初始化角色及OLED显示屏显示标题

初始化"电视""旋杆""片头"及 3 个主题角色，设置其大小、位置及层级，在"片头"角色中添加 OLED 显示屏的标题显示，参考程序如图 27.10 所示。

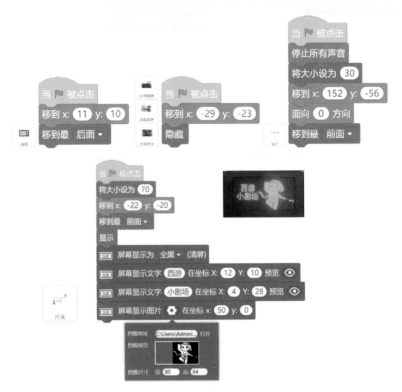

图27.10　初始化角色及OLED显示屏显示标题的参考程序

3. 转动旋钮控制旋杆

转动旋钮，读取旋钮的返回值，将其映射到旋杆所面向的0°～360°。也可以通过数学计算的方法，将旋钮的返回值对应至旋杆面向的角度，参考程序如图27.11所示。

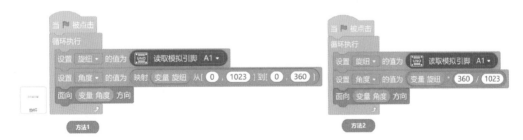

图27.11　转动旋钮控制旋杆的参考程序

4. 选择挡位

（1）新建变量"当前挡位"，设置0对应"片头"，1对应"经典西游"，2对应"动画西游"，3对应"改编西游"。

（2）选择挡位需满足两个条件：一是旋杆指向某个挡位（角度）时，由于旋钮很难对准某个值，程序中设置一个5左右的变化差值来避免误差的影响；二是变量"当前挡位"的值不等于目前所指挡位时，广播不同的消息，通知对应挡位节目开始播放，这样可以避免调到该挡位时，不断地广播消息，从头播放该挡位对应的节目。参考程序如图27.12所示。

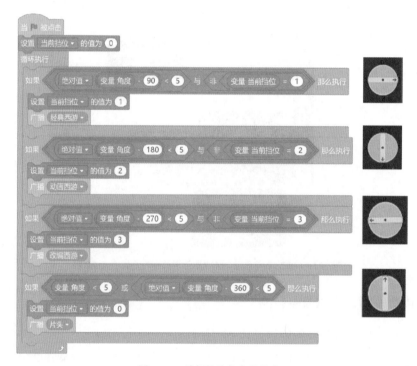

图27.12　选择挡位的参考程序

5．播放节目

（1）当接收到不同的消息后，相应主题角色开始显示，造型不断切换，对应主题曲开始播放，主题曲可从本地文件夹中上传。"经典西游"播放脚本的参考程序如图27.13所示，"动画西游""改编西游"播放脚本和该脚本类似，注意显示及隐藏角色时找准对应的消息。

图27.13 播放节目的参考程序

（2）"片头"角色显示及隐藏的参考程序如图 27.14 所示。

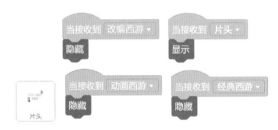

图27.14 "片头"角色显示及隐藏的参考程序

27.7 拓展和提高

添加节目，让西游小剧场更丰富。根据播放的节目，设计不同的 LED 亮起来。你还有什么好的想法，快来试一试！